海洋生命科学实验教材

XIBAO SHENGWUXUE SHIYAN JISHU
细胞生物学实验技术

主　编　樊廷俊
副主编　李　赟　于苗苗
　　　　刘振辉　姜　明

中国海洋大学出版社
·青岛·

图书在版编目(CIP)数据

细胞生物学实验技术/樊廷俊主编. —青岛:中国海洋大学出版社,2006.10（2019.3 重印）
海洋生命科学实验教材
ISBN 7-81067-950-3

Ⅰ.细… Ⅱ.樊… Ⅲ.细胞生物学－实验－教材 Ⅳ.Q2-33

中国版本图书馆 CIP 数据核字(2006)第 120797 号

出版发行	中国海洋大学出版社			
社　　址	青岛市香港东路 23 号		邮政编码	266071
网　　址	http://www.ouc-press.com			
电子信箱	hdcbs@ouc.edu.cn			
订购电话	0532－82032573　82032573(传真)			
责任编辑	魏建功		电　　话	0532－85902121
印　　制	日照报业印刷有限公司			
版　　次	2006 年 10 月第 1 版			
印　　次	2019 年 3 月第 3 次印刷			
成品尺寸	170 mm×228 mm			
印　　张	10.25			
字　　数	190 千字			
定　　价	28.00 元			

前　言

在地球上生存的 400 多万种生物都是由细胞构成的有机整体，生物体的各种生命现象都是由细胞这个基本结构单位来完成的，所谓生命实质上就是细胞属性的反应。细胞生物学的研究对象就是细胞，是从根本上理解各种生命现象和规律的关键学科，也是一门十分前沿的实验科学，生命科学的许多重大发现都与细胞生物学实验技术的发明、创新和不断发展密不可分。

细胞生物学是生物科学的三大鼎足学科之一，在生命科学中占据核心地位，被教育部列入生命科学六大主干基础课之一。早在 1925 年，美国著名生物学家 E. B. Wilson 就曾断言："一切生物科学问题的答案都必须到细胞中去寻找。"因此，熟练掌握细胞生物学实验技术和实验方法，对于生命科学教学和科研工作者所从事的生命科学领域的教学和科研工作是必不可少的，对生命科学各专业本科生和研究生的学习和参加科学研究也是必需的。

为了紧跟细胞生物学的学科发展前沿，适应学科快速发展的需要，我们根据多年的教学研究和教学实践，并参照现代化细胞生物学实验教学大纲，经过辛勤工作和艰苦努力，编著了这本细胞生物学实验教材。

本教材是山东省优秀教学成果一等奖——"细胞生物学教学改革及教书育人的研究与实践"的重要组成部分，也是细胞生物学山东省精品课程的重点建设内容之一。本教材包括细胞形态与结构观察技术、细胞化学分析技术、细胞生理学技术、细胞工程技术等模块的 31 个实验，这些实验既包括了细胞生物学的一些经典实验，又增加了较多的内容新颖、技术先进、教学实用性强的细胞生物学实验，有利于培养学生的综合实验素质和科研能力。

本实验教材是中国海洋大学海洋生命科学实验教学中心的系列实验教材之一，在注重细胞生物学教学大纲实验教学的基础上又适当融入了海洋特色，是一部集基础型、综合型和创新型实验教学为一体的细胞生物学实验教材，可供国内综合性大学、师范院校、医科院校以及农、林院校的生物科学、生物技术、生化和分子生物学等专业的本科生、专科生和研究生的细胞生物学实验教学使用。

本教材由樊廷俊教授组织编写和审定，由编写小组成员精诚合作编写而成。实验二、六至十四、十六至十九、二十一至二十四、二十九、三十由樊廷俊编写；实验三、四、二十六、二十八由李赟编写；实验十五、二十、二十七由于苗苗编写；实验二十五、三十一由刘振辉编写；实验一由姜明编写；实验五由樊廷俊和姜明合作编写；于苗苗还参与了部分实验的修改和完善工作。

  本教材在编写过程中得到了中国海洋大学教材建设基金、中国海洋大学精品课程建设基金、中国海洋大学海洋生命科学实验教学中心教材出版基金和中国海洋大学"国家生命科学与技术人才培养基地"实验教材编写基金的资助，在此深表谢意。

  由于编者水平有限，在教材的框架体系和具体编写内容上难免有不足和不尽人意之处，恳请广大读者批评指正。

编 者
2006 年 9 月

目 录

第一篇 细胞形态与结构观察技术

实验一　普通光学显微镜的结构、原理及其使用方法 …………………………… 3
实验二　荧光显微镜的结构、原理及其使用方法 ………………………………… 10
实验三　倒置显微镜的结构、原理及其使用方法 ………………………………… 18
实验四　微分干涉相差显微镜的结构、原理及其使用方法 ……………………… 20
实验五　电子显微镜的结构、原理及其使用方法 ………………………………… 24
实验六　动物细胞微丝束的光学显微镜观察 ……………………………………… 33
实验七　动物细胞线粒体的分离与观察 …………………………………………… 37
实验八　叶绿体的分离与荧光观察 ………………………………………………… 41

第二篇 细胞化学实验技术

实验九　孚尔根反应 ………………………………………………………………… 47
实验十　过碘酸锡夫反应 …………………………………………………………… 52
实验十一　溶酶体的染色与观察 …………………………………………………… 56
实验十二　线粒体和液泡系的超活染色与观察 …………………………………… 59
实验十三　联会复合体的染色与观察 ……………………………………………… 62
实验十四　染色体核仁组织区的银染色法 ………………………………………… 65
实验十五　培养细胞的细胞骨架免疫荧光染色与观察 …………………………… 68
实验十六　显微放射自显影技术 …………………………………………………… 71

第三篇 细胞生理学实验技术

实验十七　巨噬细胞吞噬现象的观察 ……………………………………………… 81
实验十八　腹腔巨噬细胞吞噬功能的检测 ………………………………………… 84
实验十九　细胞电泳技术 …………………………………………………………… 87

实验二十　动物细胞凋亡的双荧光染色与观察 …………………………… 99
实验二十一　海星再生过程的组织学研究与观察 …………………………… 102

第四篇　细胞工程实验技术

实验二十二　染色体的标本制作及其组型实验 …………………………… 109
实验二十三　染色体 G-带的分带技术 ……………………………………… 115
实验二十四　染色体 C-带的分带技术 ……………………………………… 118
实验二十五　动物细胞原代培养技术 ……………………………………… 121
实验二十六　植物原生质体的分离和培养技术 …………………………… 125
实验二十七　动物胚胎干细胞的分离与培养技术 ………………………… 129
实验二十八　细胞的冷冻保存技术 ………………………………………… 132
实验二十九　PEG 介导的动物细胞融合技术 ……………………………… 135
实验三十　单克隆抗体制备的杂交瘤技术 ………………………………… 139
实验三十一　动物细胞转基因技术 ………………………………………… 150
参考文献 ……………………………………………………………………… 155

第一篇 细胞形态与结构观察技术

实验一 普通光学显微镜的结构、原理及其使用方法

人类认识自然界的过程是一个由浅入深的过程。最初人们用眼睛感知周围的事物,如大地、天空、海洋以及动物和植物,这些客观事物反映了现实的存在,是一种宏观的、客观的和实际的观察过程。但是,人类自身观察认识客观世界的本领是十分有限的,由于人眼在明视野且距离物体 25 cm 的条件下,分辨能力为 $0.1\sim0.2$ mm,所以,对于两个物体相距低于 0.1 mm 的时候,在人的肉眼中就被看成是一个物体了,这个极限限制了人类对微观世界的观察能力,诸如细菌、细胞等在人眼的视野中均呈现出视而不见的结果。

17 世纪中叶,随着科学技术的发展和人类探索未知世界的迫切需要,在大量科学实验和理论积累的基础上,Robert Hooke 发明第一台光学显微镜(图1-1)。人类借助于显微技术的诞生和发展,将探索的视野由宏观世界扩展到丰富多彩的微观世界,认识到多细胞生命体是由成千上万的具有不同功能的细胞组成的以及许多疾病的致病病原体——细菌,从而使人类进入显微镜的时代,并由此诞生了细胞学。

光学显微镜的极限放大倍数为 2 000 倍,分辨率为 0.2 μm,目前,一般显微镜设计的最大放大倍数为 1 000~1 500 倍。经过 3 个多世纪的发展,显微技术已经成为现代生命科学研究中器官解剖、组织观察和细胞生理等方面的基本研究手段之一。在普通显微镜的基础上出现了倒置显微镜、微分干涉差显微镜、荧光显微镜等多用途光学显微镜。

一、实验目的

(1)通过对普通光学显微镜的结构和成像原理的学习,了解普通光学显微镜的结构和基本工作原理。

(2)通过对普通光学显微镜的演示和实际操作,了解普通光学显微镜的基本操作方法及其在细胞生物学领域中的应用情况。

二、实验原理

(一)普通光学显微镜的基本成像原理

显微技术是现代生物学研究中最常用的实验技术之一,其主要的研究工具

是显微镜,常用的显微镜包括普通光学显微镜、暗视野显微镜、相差显微镜、荧光显微镜和电子显微镜等。普通光学显微镜是发展历史最长,应用最普遍和最基本的显微技术工具,我们用它可以观察肉眼看不见的微小生物的结构。为了正确操作和使用显微镜,我们必须首先了解显微镜的结构和功能。

1. 光学显微镜的基本结构

光学显微镜(图1-1)是由光学放大系统和机械装置两部分组成。光学系统一般包括目镜、物镜、聚光器、光源等。机械系统一般包括镜筒、物镜转换器、镜台、镜臂和底座等。注意比较和识别显微镜的机械装置和光学系统。

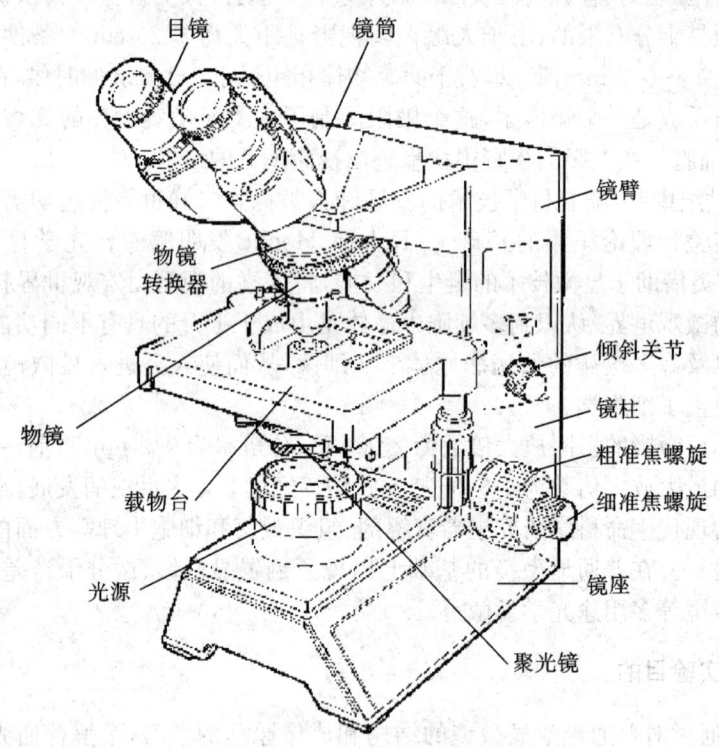

图1-1 光学显微镜结构图

(1)机械部分:

1)镜筒:为显微镜上部圆形中空的长筒,筒口上端安装目镜,下端与物镜转换器相连。作用是保护成像的光路与亮度。

2)转换器:固着在镜筒下端,分两层,上层固着不动,下层可自由转动。转换器上有2~4个圆孔,用来安装不同倍数的低倍或高倍物镜。

3)粗准焦螺旋:位于镜臂的上方,可以转动,以使镜筒能上下移动,从而调节焦距。

4)细准焦螺旋:位于镜臂的下方,它的移动范围较粗准焦螺旋小,可以细调焦距。

5)镜座:是位于镜臂的下方,显微镜的底部,呈马蹄形的金属座。用以稳固和支持镜身。

6)镜柱:从镜座向上直立的短柱。上连镜臂,下连镜座,可以支持镜臂和载物台。

7)倾斜关节:镜柱和镜臂交界处有一个能活动的关节。它可以使显微镜在一定的范围内后倾(一般倾斜不得超过45度)便于观察。但是在使用临时封片观察时,禁止使用倾斜关节,尤其是装片内含酸性试剂时严禁使用,以免污损镜体。

8)载物台:从镜臂向前方伸出的金属平台。呈方形或圆形,是放置玻片标本的地方。其中央具有通光孔,在通光孔的左右有一个弹性的金属压片夹,用来压住载玻片。较高级的显微镜,在载物台上常具有推进器,它包括夹片夹和推进螺旋,除夹住切片外,还可使切片在载物台上移动。

(2)光学部分:

1)目镜:它是安装在镜筒上端的镜头。是由一组透镜组成的,它可以使物镜成倍地分辨、放大物像,例如 $5\times$,$10\times$,$15\times$,$20\times$。

2)物镜:它是决定显微镜质量的关键部件。安装在转换器的孔上,也是由一组透镜组成的,能够把物体清晰地放大。一般有三个放大倍数不同的物镜,即:低倍物镜($8\times$或$10\times$)、高倍物镜($40\times$或$45\times$)和油浸物镜($90\times$或$100\times$),根据需要可选择一个使用。显微镜的放大倍数是目镜倍数乘以物镜的倍数。

3)反光镜:在聚光器的下面有一个一面平另一面凹的双面圆镜,可作各种方向的翻转。光线较强时使用平面镜,反之使用凹面镜。

4)聚光器:(学生用显微镜一般没有这个装置)它是由凹透镜组成的,它可以集中反光镜投射来的光线。在镜柱前面有一个聚光器调节螺旋,它可以使聚光器升降,用以调节光线的强弱,下降时明亮度降低,上升时明亮度加强。

5)虹彩光圈:又称可变光阑,由多数金属片组成,在较高级的显微镜上具有此装置。使用时移动其把柄,可控制聚光器透镜的通光范围,用以调节光的强度。虹彩光圈下常附有金属圈,其上装有滤光片,可调节光源的色调。

6)遮光器:简单的显微镜无聚光器和虹彩光圈,而装有遮光器。遮光器呈圆盘状，上面有大小不等的圆孔（光圈）。光圈对准通光孔，可以调节光线的强弱。

2. 显微镜的成像原理（放大原理）

(1) 光学显微镜的基本成像过程。

常规光学显微镜的基本成像过程如下：日光（或显微镜灯）光源→反光镜→遮光器→通光孔→石蜡切片标本→物镜的透镜→镜筒→目镜→眼（同时，可同步进行摄影）。

(2) 基本工作原理：标本的放大主要由物镜完成，物镜放大倍数越大，它的焦距越短。焦距越小，物镜的透镜和玻片间距离（工作距离）也小。油镜的工作距离很短，使用时需格外注意。目镜只起放大作用，不能提高分辨率，标准目镜的放大倍数是10倍。聚光镜能使光线照射标本后进入物镜，形成一个大角度的锥形光柱，因而对提高物镜分辨率是很重要的。聚光镜可以上下移动，以调节光的明暗，可变光阑可以调节入射光束的大小。

显微镜是以可见光作为照明光源，经过反光镜和聚光镜的调节，有效的聚集光束照射于样品上，穿过样品的光束经过一组物镜的放大，最终使放大了的图像投影到观察者的眼睛。显微镜总的放大倍数是目镜和物镜放大倍数的乘积，而物镜的放大倍数越高，分辨率越高。

3. 显微镜的使用

普通光学显微镜是一种设计精细的光学设备，在搬运、安放和使用过程中，人为和机械震动对设备的正常使用均影响很大，因此，使用显微镜进行实验时，首先强调的是精心操作。

(1) 取镜及安放。

1) 取镜：右手握住镜臂，左手平托镜座，保持镜体直立（特别要禁止单手提着显微镜走，防止目镜从镜筒中滑脱）。

2) 安放：放置桌边时动作要轻。一般应在身体的前面，略偏左，镜筒向前，镜臂向后，距桌边 7～10 cm 处，以便观察和防止掉落。安放目镜和物镜。

(2) 光源：显微镜用光源，自然光和灯光都可以，以灯光较好，因光色和强度都容易控制。一般的显微镜可用普通的灯光，质量高的显微镜要用显微镜灯才能充分发挥其性能。有些需要很强照明，如暗视野照明、摄影等，常常使用卤素灯作为光源。在使用自然光的条件下，调节转换器，使低倍物镜正对通光孔。左眼注视目镜内，右眼同时睁开，用手转动反光镜，面向光源。在目镜里看见一个圆形、明亮的视野（一定要用非直射光）。把一个较大的光圈对准通光孔。

(3)低倍镜的使用：先将低倍物镜的位置固定好，然后放置标本片，转动反光镜，调好光线，将物镜提高，向下调至看到标本，再用细准焦螺旋对准焦距进行观察。除少数显微镜外，聚光镜的位置都要放在最高点。如果视野中出现外界物体的图像，可以将聚光镜稍微下降，图像就可以消失。聚光镜下的虹彩光圈应调到适当的大小，以控制射入光线的量，增加明暗差。在样品观察的过程中，首先应选择用低倍镜进行观察，其目的是观察样品的制备情况和研究对象的整体形貌、了解各部分组织的结构特征和相互间的关系，为进一步的高倍观察奠定基础。

1) 放置切片：升高镜筒或适当降低载物台，把玻片标本放在载物台中央，标本材料正对通光孔的中心，用压片夹压住载玻片的两端。

2) 调焦：两眼从侧面注视物镜，转动粗准焦螺旋，让镜筒徐徐下降，至物镜距玻片 2~5 mm 处。然后用左眼注视目镜，右眼同时睁开（以便绘图），同时用手反方向（逆时针方向）转动粗准焦螺旋，使镜筒缓缓上升，直到看清物像为止。如果不够清楚，可用细准焦螺旋调节（不可以在调焦时边观察边使镜筒下降，以免压碎装片和镜头）。

3) 低倍镜的观察：由所用的目镜放大倍数与物镜放大倍数相乘，即为原物被放大的倍数。如果物像不在视野中央，要慢慢移动到视野中央，适当再进行调节。

(4)高倍镜的使用：显微镜的设计一般是共焦点的。低倍镜对准焦点后，转换到高倍镜基本上也对准焦点，只要稍微转动细准焦螺旋即可。有些简易的显微镜不是共焦点，或者是由于物镜的更换而达不到共焦点，就要采取将高倍物镜下移，再向上调准焦点的方法。虹彩光圈要放大，使之能形成足够的光锥角度。稍微上下移动聚光镜，观察图像是否清晰。

1) 选好目标：先用低倍物镜确定要观察的目标，将其移至视野中央。转动转换器，把低倍物镜轻轻移开，原位置小心换上高倍物镜（用高倍物镜工作距离较短，操作要十分仔细，以防镜头碰击玻片）。

2) 调焦：在正常情况下，当高倍物镜转正之后，在视野中央即可见到模糊的物像，只要向反时针方向略微调动细准焦螺旋，既可获得清晰的物像。

在换上高倍物镜观察时，视野变小变暗，要重新调节视野亮度，可升高聚光器或利用凹面反光镜。

(5)油镜的使用：油镜的工作距离很小，要防止载玻片和物镜上的透镜损坏。使用时，一般是经低倍到高倍，再到油镜。当高倍物镜对准标本后，再换油镜观察。载玻片标本也可以不经过低倍和高倍物镜，直接用油镜观察。显微镜有自动止降装置的,载玻片上加油以后,将油镜下移到油滴中,到停止下降为止,然后用细准焦螺旋向上调准焦点。没有自动止降装置的,对准焦点的方法是从显微镜的侧面观察,将油镜下移到与载玻片稍微接触为止,然后用细准焦螺旋向上提升调准焦点。

使用油镜时,镜台要保持水平,防止油流动。油镜所用的油要洁净,聚光镜要提高到最高点,并放大聚光镜下的虹彩光圈,否则会降低数值口径而影响分辨率。无论是油镜或高倍镜观察,都宜用可调节的显微镜灯做光源。

(6)使用后的整理:显微镜是精密贵重的仪器,必须很好地保养。显微镜用完后要放回原来的镜箱或镜柜中,镜头的保护最为重要。镜头要保持清洁,只能用软而没有短绒毛的擦镜纸擦拭。擦镜纸要放在纸盒中,以防沾染灰尘。切勿用手绢或纱布等擦镜头。物镜在必要时可以用溶剂清洗,但要注意防止溶解固定透镜的胶固剂。根据不同的胶固剂,可选用不同的溶剂,如酒精、丙酮和二甲苯等,其中最安全的是二甲苯。方法是用脱脂棉花团蘸取少量的二甲苯,轻擦,并立即用擦镜纸将二甲苯擦去,然后用洗耳球吹去可能残留的短绒。目镜是否清洁可以在显微镜下检视。转动目镜,如果视野中可以看到污点随着转动,则说明目镜已沾有污物,可用擦镜纸擦拭接目的透镜。如果还不能除去,再擦拭下面的透镜,擦过后用吸耳球将短绒吹去。在擦拭目镜或由于其他原因需要取下目镜时,都要用擦镜纸将镜筒的口盖好,以防灰尘进入镜筒内,落在镜筒下面的物镜上。

观察结束,应先将镜筒升高,聚光器下降,再取下切片,然后转动转换器,使物镜与通光孔错开,做好清洁工作。清洁完毕,再下降镜筒,使两个物镜位于载物台上通光孔的两侧,呈"八"字形,将反光镜转至与载物台垂直,罩上防尘罩,仍用右手握住镜臂,左手平托镜座,按编号放回镜箱中。

(二)普通光学显微镜的基本类型

目前广泛使用的普通光学显微镜包括许多类型,主要分为两大类,即显微镜和体视显微镜(解剖镜)。

(1)显微镜:有单目光学显微镜和双目光学显微镜两种。

(2)体视显微镜(解剖镜):有单体体视显微镜(解剖镜)和组合式单体体视显微镜(解剖镜)两大类。

(三)光学显微镜的操作演示与使用

1. 普通光学显微镜的操作演示与使用

学生参观常规操作演示并观摩典型器官组织切片,分组进行普通光学显微镜的使用和观察练习,了解运用普通光学显微镜进行组织学研究的基本方法。

2. 普通光学显微镜照片的展示

挑选一批具有代表性的动植物细胞不同器官组织的显微照片,供同学们观察和学习,以了解各种器官组织的显微结构特征。

三、实验用品

普通光学显微镜、石蜡切片机、石蜡切片示教片,以及各种细胞显微结构照片等。

四、作业

(1)通过本实验的学习,简要总结光镜工作原理、结构和常规使用方法。

(2)识别不同组织细胞的显微结构,写出各种示教组织细胞的名称及其结构特征。

五、思考题

通过本实验的学习,比较光学显微镜不同光源对成像和观察的影响。

实验二　荧光显微镜的结构、原理及其使用方法

荧光显微术(fluorescent microscopy)是利用荧光显微镜(fluorescent microscope)对可发荧光(fluorescence)的物质进行定性和定量观测的一种实验技术，与普通光学显微镜相比，具有灵敏度高、特异性强、方法简便快速等优点。由于各种荧光标记抗体的大量商品化，使免疫荧光技术的应用更为深入和更加广泛，大大推动了荧光组织化学和荧光细胞化学等的发展，也使这一技术在细胞生物学、生物化学、遗传学和分子生物学等学科中得到了极为广泛的应用。

荧光显微镜是荧光显微术的基本装置，它利用一定波长的光(通常是波长短的紫外光和蓝紫光)照射被检样品，激发荧光物质发出位于可见光范围内的荧光，通过物镜和目镜的成像、放大便可进行检视和拍摄。

一、实验目的

(1)掌握荧光显微镜的结构及其原理。
(2)学习荧光显微镜的正确使用方法。

二、实验原理

某些物质经一定波长的光(如紫外光)照射后，物质中的分子被激活，吸收能量后跃迁至激发态；当其从激发态返回到基态时，所吸收的能量除部分转化为热量或用于光化学反应外，其余较大部分则以光能形式辐射出来。由于能量没能全部以光的形式辐射出来，故所辐射出的光的波长比激发光的要长，这种波长长于激发光的可见光就是荧光(fluorescence)。所谓荧光就是某些物质在一定波长光(如紫外光)的照射下、在极短时间内所发出的比照射光波长更长的可见光。由此可见，被照射物质产生荧光必须具备以下两个条件：①物质分子(或所特异性结合的荧光染料)必须具有可吸收能量的生色团；②该物质还必须具有一定的量子产率和适宜的环境(如溶剂、pH、温度等)。

荧光显微术是利用荧光显微镜对可发荧光的物质进行观测的一种实验技术。某些物质在一定短波长的光(如紫外光)的照射下吸收光能进入激发态，从激发态回到基态时，就能在极短的时间内放射出比照射光波长更长的光(如可见光)，这种光就称为荧光。若停止供能荧光现象立即停止。有些生物体内的

物质受激发光照射后可直接产生荧光,称为自发荧光(或直接荧光),如叶绿素的火红色荧光和木质素的黄色荧光等。有的生物材料本身不能产生荧光,但它吸收荧光染料后同样能发出荧光,这种荧光称为次生荧光(或间接荧光),如叶绿体吸附吖啶橙后便可发出橘红色荧光。

荧光显微镜具特殊光源(多为紫外光光源),提供足够强度和波长的激发光,诱发荧光物质发出荧光。在视场中所观察到的图像,主要是样品的荧光映象。

(一)荧光显微镜的基本结构及其操作方法

1. 荧光显微镜的基本结构

荧光显微镜因制造厂家、型号的不同,结构各异,但主要构件基本相同。现以日本 OLIMPUS 荧光显微镜为例向大家介绍其基本结构。

(1)激发光源

荧光显微镜所采用的光源多为能以最小的表面发出最大数量的紫外光和蓝光的高压汞灯。高压汞灯的特点是光度稳定且光亮度大,能供给大量特定波长、使受检标本内荧光物质能获得必要强度的激发光。汞灯的构件主要为具有两个钨电极、内部充有汞滴和少量氟氖混合气体的球形石英玻璃管。汞灯装在牢固的灯室中,还配备有调中、聚焦和集光等装置。

高压汞灯的开启配有一专用的启动装置(STARTER),但在使用中严禁频繁启闭,点亮后欲暂停使用时,可用光阀阻断光路,不必切断电源。当汞灯熄灭后,不能立刻再次开启,需经 5~10 分钟,汞灯冷却后再通电开启。

(2)滤镜系统

荧光显微镜的滤镜,按用途或功能,主要分为激发滤镜和阻断滤镜两类。

1)激发滤镜(exciter filter):激发滤镜位于激发光源与荧光标本之间的光路中,作用是为被检样品的荧光物质或荧光染料提供最适强度(波段)的激发光。荧光染料均有一定的吸收光谱(激发峰值),利用滤色镜对光线选择吸收的能力,选用其透射光谱,恰为荧光染料的最大吸收光谱(激发高峰)的激发滤镜,以便从汞灯发出的广谱光波中,选择性地透过最适宜波段的光线。

滤镜的型号不同,数量较多。OLYMPUS 荧光显微镜配有 U-V 和 B-G 两套激发滤镜,可根据不同需要选用。

2)阻断滤镜(barrier filter):阻断滤镜位于物镜和目镜之间的光路中,作用是阻断或吸收光路中未被转化为荧光的激发光或某些波长较短的光线,只允许荧光透过,以防伤害观察者的眼睛。

OLYMPUS荧光显微镜配有9种阻断滤镜(L, Y, O, R)可供选用。阻断滤镜的选用，应视荧光物质或荧光染料的荧光光谱而定，以能最大限度地透过荧光、阻断或吸收短波光及其他光线为原则。

(3)二向色镜(dichroic mirror)

荧光显微镜中，除上述两类滤镜外，还配有二向色镜，为一种重要的分色镜(chromatic beam splitter)系统，位于汞灯和激发滤镜构成的平行光轴与目镜和物镜构成的竖直光轴的垂直交接处。二向色镜由镀膜的光学玻璃制成，其镜面的方位与上述两光轴的交角均为45°，在荧光显微镜中兼有透射长波光线和反射短波光线的功能，即承担着色光的"双向分流"作用。

2. 荧光显微镜的光路

荧光显微镜的光路，根据荧光被激发的方式不同，可分为透射式荧光显微镜和反射式荧光显微镜两种光路。

(1)透射荧光显微镜光路：透射荧光显微镜是激发光束通过聚光器自下而上的透射样品，诱发的荧光从物镜前方进入物镜。具体光路如下：

汞灯发出的强光经集光透镜、吸热滤色镜、镜臂反光镜、激发滤色镜、光路转换反光镜后光线转射向上，进入视场光阑、暗视场聚光器，进入样品，激发出的荧光射入物镜经阻断滤色镜进入目镜。

(2)反射荧光显微镜的光路：反射荧光又称落射荧光，因激发光由物镜后部进入物镜，向下落射样品，激发出荧光，荧光反射向上再进入物镜。其光路如图2-1所示：

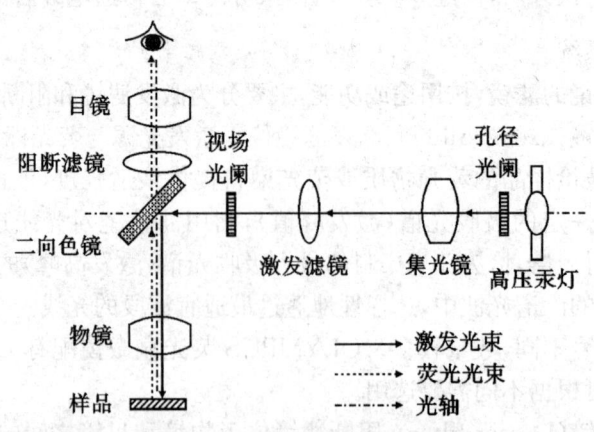

图 2-1　反射荧光显微镜光路图

如图 2-1 所示，汞灯发出的高强激发光，经集光镜、孔径光阑、激发滤镜、视场光阑，通过二向色镜，在此处一定波长以上的光（长波、低能）透过二向色镜，脱离光路，一定波长以下的光（短波、高能）反射向下进入物镜，透过物镜射向样品，激发荧光物质发出可视之荧光，荧光反射向上再次进入物镜，再次经由二向色镜，其中波长较短的光线反射至光源方向，荧光和长波光线透射向上，经阻断滤色镜阻断长波光线后只有荧光进入目镜，供肉眼观察或摄像之用。

3. 荧光显微镜的操作技术

荧光显微镜按激发光对样品的激发方向或方式可分为透射式和反射（落射）式两大类。实际应用中大多使用反射式荧光显微镜。

反射式荧光激发方式是当前广泛使用的荧光激发方式，它比透射式荧光激发方式具有较多的优越性。反射式荧光显微镜的操作方法因荧光装置不同而异。下面以 OLYMPUS 荧光显微镜为例进行介绍。

荧光显微镜主要包括汞灯室、连接镜筒、物镜转换器、滤镜系统、二向色镜等，同时还备有光阀、孔径光阑、视场光阑、激发滤镜嵌入槽、阻断滤镜嵌入槽和紫外线防护罩等部件。荧光显微镜的操作技术主要包括以下几个方面。

(1) 汞灯的安装

1) 切断电源，从插座上拔下电源线。

2) 开启灯室，将汞灯以"＋"极朝向灯架底部的方位安装到灯梁上，旋紧螺钉。

注意：①严禁手指直接触摸灯管（特别是球状部分），以免弄脏灯管影响发光的质量；②为安全起见，汞灯装入灯室、封上灯室盖后，方可接通电源。

(2) 汞灯的点亮

1) 首先确认各连接部分均已经处于正常状态。

2) 接通启动器电源开关，按下启动钮（STARTER）不超过 5 秒钟，汞灯点亮，经 2～8 分钟后便进入稳定状态。

3) 点亮后 15 分钟内，不可切断电源；此外，一旦汞灯熄灭后，在 5 分钟或稍长时间内，不许重新点亮，必须待汞灯冷却后，方能再次点亮。

(3) 汞灯的调中（第一次使用时操作）

1) 开启光阀。

2) 开放孔径光阑和视场光阑至最大开度，即开至"Max"处。

3) 旋转物镜转换器，无物镜的空洞进入光路，旋下防尘盖，使光线射向载物台。

4）载物台上放一白纸，让汞灯电弧像投在白纸上。

5）调节灯室外的聚焦旋钮，便电弧像在白纸上聚焦，并使用调中螺钉，将汞灯调中。

(4) 滤色镜系统的配合使用

该荧光显微镜具有激发滤镜、阻断滤镜和二向色镜等，三者必须配合使用。一般应严格遵循表 2-1 进行选择。

表 2-1 滤镜系统配合使用的原则

激发范围	激发滤镜	二向色镜	阻断滤镜
U（紫外光）	U（UG－1）	U（DM－400＋L－420）	L－435 以上
V（紫）	V（BG－3＋IF－405）	V（DM－455＋Y－455）	Y－475 以上
B（蓝）	B（IF－490） B（IF－490＋EX－450*）	B（DM－500＋O－515）	O－530 以上
G（绿）	G（IF－545＋BG－36）	G（DM－530＋O－590）	R－610

* EX－450 激发滤镜仅应用于垂直照明的荧光装置。

(5) 样品聚焦

1）经荧光染料染色的样品放在载物台上，先用溴钨灯透射照明，用低倍镜聚焦，待找到最佳影像后，熄灭溴钨灯，改用高压汞灯。

2）点亮汞灯，插入系统滤镜。

3）使用 UVFL 40×(oil) 和 UVFL 100×(oil) 油浸物镜，应用无荧光浸油，物镜的内装可变光阑应适当缩小，以增大影像的反差和清晰度。

4）在 UVFL 40×(dry) 物镜内装有校正环，对较薄或较厚的盖玻片进行球面校正。

(6) 缩小光阑开度

视场光阑（F）和孔径光阑（A）的开度，在观察样品时应朝向"Min"的方向转动，使其适当缩小。

(7) 光阀的使用

在荧光观察短暂中止时，可用光阀阻断光路，切勿熄灭汞灯，以免缩短高压汞灯使用寿命。

(二) 荧光显微标本的制作要求及影响荧光检测的因素

1. 荧光显微标本的制作要求

荧光显微标本的制作，与普通光学显微镜基本相同，但由于荧光显微镜对激发光的特殊要求以及所观察的是一种特殊的可见光——荧光,因此,其显微标本的制作与普通光镜的相比,又有一些特殊要求。主要有以下几个方面:

(1)荧光显微标本不能太厚。在荧光显微镜下,荧光显微标本中的荧光物质本身便是一个"光源",若标本太厚,标本中多层荧光物质所发出的荧光便会发生相互干涉而使荧光图像模糊不清。

(2)所用载玻片的厚度最好在 1 cm 以下,盖玻片最好在 0.17 cm 以下。有条件时,最好使用石英载玻片和石英盖玻片,以确保激发光的有效通过和所产生的荧光不被吸收。

(3)在使用油镜时,一定要使用"无荧光油",以防止在激发光的照射下"油"本身发出荧光而干扰荧光图像的观察。

(4)对于永久制片,封片时应使用无荧光、无色彩的封固剂。

2. 影响荧光检测的因素

由于荧光显微镜下所观察到的是荧光,凡是影响荧光的强度和稳定性的因素,原则上均能影响荧光的检测。总的说来,主要有以下几种影响因素:

(1)标本缓冲液的 pH 值:每种荧光色素均有其自己的最适 pH 值,在此 pH 值下,其荧光强度最大。pH 值的改变不仅能减弱荧光的强度,而且还可不同程度地改变其波长,将会影响对荧光的检测。因此,荧光检测常常要在一定 pH 值的缓冲液中进行。

(2)检测时的温度:一般,荧光染色在 20℃以下比较稳定。当温度升高时,常会出现荧光的温度淬灭现象,从而影响对荧光的检测。

(3)光分解:在荧光观察中,常因所用激发光强度的增强,而使样品荧光很快熄灭,从而使得观察尤其是照相十分困难。为此,在荧光观察时,最好先用较小能量的激发光进行观察,找到理想的视野需要照相时再适当增强激发光。

(4)浓度淬灭:一般,荧光染液的浓度在 1×10^{-4} mol/L 以下,甚至在 1×10^{-12} mol/L 的浓度下也能使标本着色。但当浓度增加时,由于荧光分子之间的相互缔合而使自身荧光淬灭。因此,在一定限度内,荧光强度常随荧光素浓度的增加而增大;当超出限度时,荧光强度反而会随荧光素浓度的增加而下降。

(5)淬灭剂:卤酸盐以及一些具有氧化作用的物质,如硝酸苯和铁离子、银离子等金属离子对荧光均有淬灭作用。因此,在荧光检测时,要避免混杂其他淬灭剂。低浓度或弱氧化剂(如高锰酸钾等是良好的荧光背景污染消除剂),常可使视野的背景变暗,进而使荧光变得清晰。

三、实验用品

1. 材料

新鲜菠菜。

2. 试剂

(1)0.35 mol/L 氯化钠溶液。

(2)0.01%吖啶橙(acridine orange)。

3. 器材

(1)主要设备:荧光显微镜(或普通复式显微镜及荧光装置附件)。

(2)小型器材:100 mL 量筒 1 个,滴管 20 支,无荧光载玻片和盖玻片各 4 片,滤纸。

四、实验方法

(1)荧光显微镜汞灯的点亮:打开启动器电源开关,按下启动钮(START-ER),不超过 5 秒钟,点亮汞灯,5 分钟后便进行观察。

(2)菠菜手切片的制备:用剃须刀片将新鲜的嫩菠菜叶切削出一斜面置于载玻片上,滴加 1~2 滴 0.35 mol/L NaCl 溶液,加盖玻片后轻压,置荧光显微镜下观察。

(3)样品聚焦:将菠菜手切片放在载物台上,先用溴钨灯透射照明,用低倍镜聚焦,待找到最佳影像后,熄灭溴钨灯,改用高压汞灯。

(4)调整荧光显微镜:在观察样品时,视场光阑(F)和孔径光阑(A)的开度适当缩小,同时选择滤镜系统和二向色镜,直至使叶绿体的自发荧光达到最佳的观察效果。

(5)向所制手切片上滴加 1~2 滴 0.01%吖啶橙染液,染色 1 分钟,洗去余液,加盖玻片后,在荧光显微镜下观察叶绿体的间接荧光。

五、实验结果

(1)在荧光显微镜下,叶绿体发出火红色荧光,气孔发绿色荧光,两保卫细胞内的火红色叶绿体则环绕气孔排列成一圈。

(2)用吖啶橙染色后,叶绿体则发出橘红色荧光,细胞核可发出绿色荧光,气孔仍为绿色。

六、作业

(1)根据荧光观察结果,绘制菠菜叶的结构模式图。
(2)概述滤镜系统的选用原则。

七、思考题

(1)什么是荧光?其产生的原理与条件又是什么?
(2)荧光显微镜为什么要使用高压汞灯作光源?
(3)滤镜系统的功能、区别及其相互关系如何?选用的原则是什么?
(4)比较荧光显微镜与普通光镜的异同。

实验三 倒置显微镜的结构、原理及其使用方法

倒置显微镜(inverted microscope)是一种为适应生物学中大量发展的组织细胞离体培养工作的显微观察的需要而发展起来的一种光学显微装置。其特点是能直接对培养皿、培养瓶中的标本进行显微观察,它的物镜、物体和光源的位置刚好与普通显微镜颠倒,因而称为"倒置"。

一、实验目的

了解倒置显微镜的原理、构造及其使用方法。

二、实验原理

普通显微镜的物镜镜头方向向下接近标本。倒置式显微镜的物镜镜头则处于垂直向上的位置,如图 3-1 所示,因此目镜和镜筒的纵轴与物镜的纵轴呈 45 度角。载物台面积较大,位于物镜上方,载物台上方有一个长焦距聚光器和照明光源。物镜和聚光器可装配位相显微镜的附件。放大率为 16~80 倍。组织培养瓶和培养皿可以直接放在载物台上,进行不染色新鲜标本及活体细胞的形态、数量和动态观察。倒置式显微镜可换用普通亮视野光学镜头;可装配偏振光、微分干涉差、荧光附件进行观察。

1. 低倍镜的使用

(1)转动粗准焦螺旋,略微上升镜筒。转动物镜转换器,使低倍镜对准镜台的圆孔即通光孔。

(2)先检查光圈是否打开,聚光镜是否上升,然后将反光镜对准光源,使光线投入镜筒中,用左眼从目镜中观察,同时转动反光镜,直到整个视野呈青白色的光亮为止。

(3)打开培养瓶(板)盖,放置载物台上。手动培养瓶或培养板的培养孔,使培养细胞位于通光孔的正中央,物镜的正上方。

(4)先从侧面注视低倍镜,转动粗准焦螺旋,使镜筒徐徐上升到培养细胞液面近表面(切记不可一面在目镜中观察,一面下降镜头)。然后用左眼在目镜中观察,同时调节粗准焦螺旋,使镜筒慢慢下降,直到视野中出现标本物象为止。

再用细准焦螺旋调节即可得到最清晰的物像。注意观察培养细胞的形态。

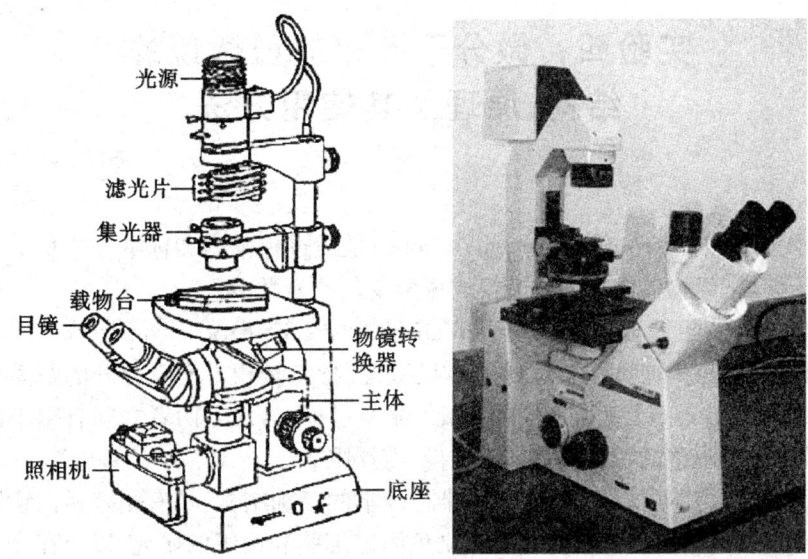

图 3-1　倒置显微镜示意图和实物图

2.高倍镜的使用

(1)先用低倍镜找到物象。

(2)在低倍镜下将需要观察的标本或标本的一部分移至视野中央。

(3)转动物镜转换器,调换高倍镜。然后微微向上、下转动细准焦螺旋(切记不可用粗准焦螺旋),至物象清晰为止。若光线太强或太弱,可调节光圈或升降聚光器,找到最适的亮度。

三、实验用品

倒置显微镜、培养的动物细胞。

四、作业

绘制所观察到的培养细胞的形态和结构模式图。

五、思考题

(1)倒置显微镜的结构与普通显微镜有什么不同?

(2)倒置显微镜的使用要注意哪些问题?

实验四 微分干涉相差显微镜的结构、原理及其使用方法

干涉显微镜(interference microscope)是通过标本内和标本外的相干光束产生干涉,把经物体的相位差转换成振幅变化的显微镜。

微分干涉相差显微镜(differential interference contrast microscope,简称DIC显微镜)是一种特殊类型的干涉显微镜,特点是相干光束分开的距离相当小,仅为 1 μm 甚至更小,这样两束相干光经过标本,加上两者之间有微小的相位差别,使得观察的像为立体的三维像,有浮雕感。

DIC 显微镜可以观察活的或未染色标本的精细结构,具有相差显微镜所不能达到的某些优点。广泛应用于未染色固定细胞和组织的研究,以及在光学显微镜分辨极限内研究活体内的动态过程。

一、实验目的

了解微分干涉相差显微镜的基本结构,学会其使用方法。

二、实验原理

(一)光路系统介绍

DIC 既可使用 Smith 系统也可使用 Normarski 系统(图 4-1)。由于 DIC(按照 Smith 型)应将物镜的 Wollaston 棱镜正好置于物镜的后焦平面上,这一位置一般很难找准,尤其是对高倍物镜来说。Nomarski 重新设计了这种双石英棱镜,使第一片棱镜的光轴与入射光束斜交,光束分离发生在空气-石英界面上(比较图 4-1 两图),使交点位于校正的物镜后焦平面上,而 Nomarski 棱镜保留在物镜安装架后方一独立的插座中,这样很容易将棱镜移走,使棱镜也能用于其他显微技术中。

对于两种系统来说,具有相交起偏器(polarizer)和检偏器(analyser)的偏振显微镜都装有 Wollaston 棱镜(两片石英棱镜黏结在一起,其光轴相互成 90°),一块位于或接近于物镜的后焦平面位置,另一块位于聚光器的前焦平面(图 4-1)。棱镜的 γ(慢)、α(快)方向与起偏器和检偏器的轴成 45°角。当入射偏振

光(图 4-1 中虚线)进入第一块棱镜后,被分解为两个振动方向相互垂直强度相等的偏振光(点画线和交叉影线),在两片棱镜的倾斜界面上,快方向和慢方向相反。两束光在相对方向上发生折射,在射出第二片棱镜时彼此分离。它们之间的相互关系与在 Wollaston 棱镜上发生光束分离的位置有关。该两束在位于聚光器前焦平面位置的倾斜分离界面上分离的光束,振动方向相互垂直,平行经过样品进入物镜,经过物镜又汇集在物镜的后焦平面上。在该位置上,第二块 Wollaston 棱镜又将两束光结合为普通的单一光束,该光束仍包含两相互垂直的与检偏器光轴成 45°角的分量。两分量的光传到检偏器,检偏器使之震动方向与其光轴方向一致,两分量相互之间可发生干涉。在两分量之间的相对相位移是样品的折射率或厚度梯度的函数,也与其中一个 Wollaston 棱镜的相对横向位置有关。

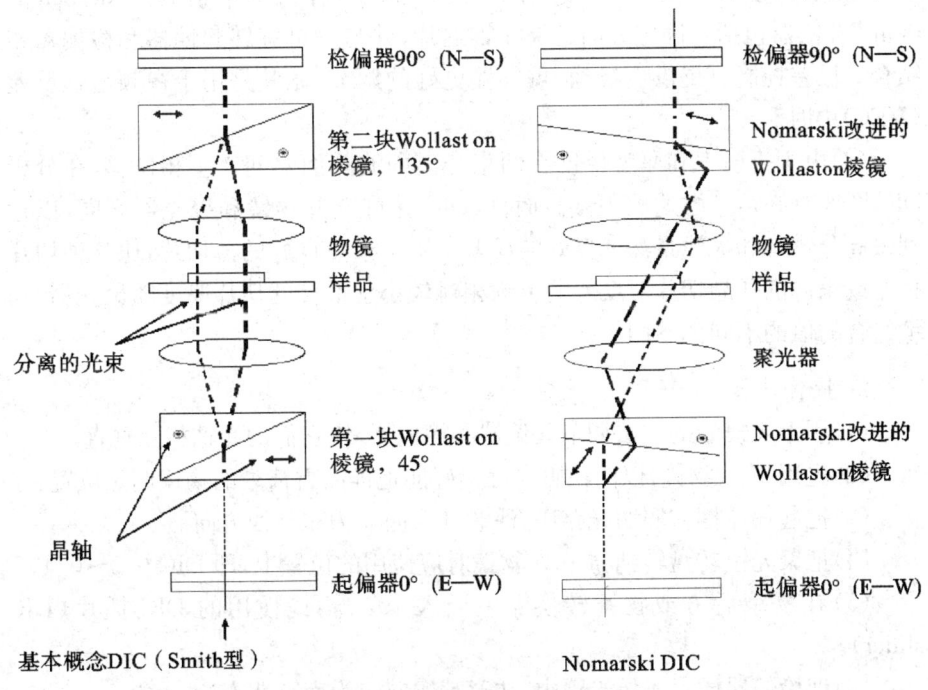

图 4-1 微分干涉相差显微镜

被选择的分离量通常与给定物镜的分辨极限相当。对于更高的分辨率,它有时会低于分离量。对于较高的反差,经常选择较高的分离量。样品的特征梯度如厚度差异和折射率差异应调整到与光束分离方向成 45°方向上,因此,调整样品方向至理想处,可使用旋转载物台。不同的样品梯度在两束分离的光波之间产生不同的相位移,并产生不同的灰度(在结构的一侧发生相长干涉,在另一侧发生相消干涉),因此,可以得到一个三维图像。

(二)倒置显微镜的使用

1. 基本调整

(1)为获得良好的 DIC 图像,必须确保起偏器和检偏器的光轴相互垂直以获得最大暗度。这可通过移走 Wollaston 棱镜后来调整。在有聚光器或物镜棱镜的情况下,在物镜的后焦平面上会出现一组斜列的干涉条纹(将目镜拿走后或用调中望远镜可观察到)。当两块棱镜均在其正确位置时,这组干涉条纹会消失。

(2)反差控制能使物镜光孔均匀变暗。这种反差控制可通过调节物镜的 Wollaston 棱镜来完成,也可使用"de-Senarmont"补偿器来调节。"de-Senarmont"补偿器包括一固定方向的 λ/4 推迟片,并与一可旋转起偏器和检偏器相结合。反差控制可提供更精确、重复性更好的调节,尤其是用于视频增强反差(VEC)中时。

(3)由于折射率和厚度梯度在两束分离的波阵面之间产生相位移,在分析 DIC 图像时必须考虑这些因素。而且,DIC 允许全开物镜和聚光器光阑,以达到最高分辨率和最浅景深。良好的反差产生于聚焦良好的薄切片,比这种切片稍厚或稍薄的样品切片对反差的影响相对较小。最佳的切片厚度随聚光器/物镜组合的值的不同而不同。

2. 操作步骤

(1)用上文提到的方法调节起偏器和检偏器,使它们的光轴相互垂直。

(2)先用 10× 物镜,以明视野先确定好能把样品看清晰的物镜调焦位置。

(3)把起偏器摆入照明光路中,注意其取向应为东一西方向。

(4)把聚光镜转盘转到与 10× 物镜对应使用的位置上,即 DIC 0.3~0.4。

(5)在物镜后方或物镜转换器上插入 10× 物镜使用的 DIC 插片(DIC slider)。

(6)把检偏器插入成像光路中,注意其取向应为南一北方向。

(7)用吸管吸取微藻少许,制备微藻涂片,置于载物台上,开亮光源把样品调焦清晰。调节 DIC 插片,使微分干涉相差的像达到最佳效果,也就是浮雕效果最为明显。

(8)同时可调节聚光镜的孔径光阑,使反差的效果也达到最佳;然后再细微调样品的细节,可见样品中不同层面上的结构。绘制观察结果。

3. 注意事项

(1)因微分干涉灵敏度高,制片表面不能有污物和灰尘。

(2)具有双折射性的物质,不能达到微分干涉对比镜检的效果。

(3)倒置显微镜应用微分干涉时,不能用塑料培养皿。

三、实验用品

微分干涉相差显微镜,海洋微藻,滴管,培养瓶。

四、作业

(1)绘制海洋微藻的形态结构图。

(2)微分干涉的原理是什么?

五、思考题

通过用普通显微镜和微分干涉相差显微镜观察同一材料,总结微分干涉相差显微镜的特点。

实验五　电子显微镜的结构、原理及其使用方法

在细胞形态学研究领域，主要的研究和观察工具是光学显微镜（简称光镜），它是我们观察细胞形态最常用的工具。但其分辨率（Resolution）的最小数值不会小于 $0.2\ \mu m$（紫外光显微镜的分辨率也只能达到 $0.1\ \mu m$），这一数值是光学显微镜分辨率的极限。一般显微镜设计的最大放大倍数为 1 000~1 500 倍，限制显微镜分辨率的关键因素是光的波长（光的衍射效应），显微镜无论制作得如何精密都无法突破这一极限，如果分辨率不再提高，只提高放大倍数毫无意义，并不能增加图像的清晰度。

在光学显微镜下小于 $0.2\ \mu m$ 的一些细微结构，即便是再提高放大倍数也无法看清，这些结构称为亚显微结构（submicroscopic structure）或超微结构（ultramicroscopic structure；ultrastructure），要想看清这些结构就必须选择波长更短的光源，以提高显微镜的分辨率。于是，德国柏林大学的 E. Ruska 等便选择了电子束为光源来突破光学显微镜分辨率的极限，终于在 1938 年研制出了世界上第一台实用透射电子显微镜（transmission electron microscope, TEM）。电子显微镜（简称电镜）的问世，为细胞生物学的研究打开了局面。尤其是 1953 年瑞典学者成功制造出的超薄切片机以及随后相继出现的各种电子染色技术，使超薄切片技术得到快速发展和完善，从而大大推动了电镜在生物学研究领域中的广泛使用。

目前，电镜技术在细胞生物学研究领域中已由细胞水平发展到了分子和原子水平。英国学者 A. Klug 博士已将高分辨电镜技术应用到了生物大分子的结构测定上，在核酸-蛋白质复合体的晶体结构研究中做出了突出成就，在 1982 年他也因此获得了诺贝尔化学奖。现在，电镜已经成为细胞生物学、分子生物学和分子遗传学等不可缺少的重要研究手段之一。

一、实验目的

(1)通过对透射电镜的结构和成像原理的学习，了解透射电镜的工作原理和结构。

(2)通过电镜演示，了解电镜的操作方法及其在细胞生物学领域中的应用情况。

二、实验原理

(一)电镜与光镜的对比

1. 电镜出现的必然性

普通光镜虽然仍是我们观察细胞形态最常用的工具,但由于其所用光源为可见光(或紫外光),故其分辨率存在有一个无法突破的限制。分辨率是指显微镜能将近邻的两个质点分辨清楚的能力,通常是用相邻两点间的距离(D)来表示。其公式如下:

$$D=\frac{0.612\lambda}{N.A.}$$

分辨率的数值越小,显微镜的分辨能力就越大,反之越小。由上述公式可以看出,分辨率的数值与波长成正比,与镜口率(N.A.)成反比。因此,要想得到高分辨率必须要缩短波长和加大镜口率,在普通光镜中我们使用的光源为可见光,波长为400~700 nm(平均值为550 nm),这个数值无法改变,唯一可改变的数值为镜口率,镜口率的大小决定于镜口角的大小和物镜与标本间介质折射率(refraction coefficient)的大小。其计算公式如下:

$$N.A.=n \cdot \sin\frac{\alpha}{2}$$

式中,

n——物镜与标本之间介质的折射率;

α——镜口角(聚光器焦点对物镜镜口的张角)。

由此可见,镜口率与 n 及 $\sin\frac{\alpha}{2}$ 成正比。制作镜头所用的光学玻璃的折射率为1.65~1.78,所用介质的折射率越接近玻璃越理想。空气的折射率为1,水为1.33,香柏油为1.515,α-溴萘为1.66。镜口角总是小于180°,所以 $\sin\frac{\alpha}{2}$ 的最大值必然小于1。对于干燥物镜来说,介质为空气,镜口率一般为0.05~0.95,而油镜用香柏油为介质,镜口率可接近1.5,如果用溴萘则可达1.66。就目前看来,光镜镜口率的最大值也只有1.78。根据计算,光镜分辨率的最小数值不会小于0.2 μm(将1.6代入分辨率公式求得),约等于光波的一半,紫外光显微镜的分辨率也只能达到0.1 μm,这一数值是光学分辨率的极限。限制光镜分辨率的关键因素是光的波长(光的衍射效应),光镜无论制作得如何精密都无法突破这一极限,所以一般光镜设计的最大放大倍数为1 000~1 500,因为将0.2 μm的质点放大到0.2~0.3 mm(人肉眼的分辨率)就可以辨认清楚。

但在一般想象中，似乎显微镜的放大倍数越大，观察到的物体应该越清楚。然而事实并非如此，因为在这里涉及有效放大和无效放大两个概念。有效放大是指本来用肉眼看不清楚的物体经显微镜放大成像后可以分辨清楚的放大；而无效放大则是指本来用肉眼能看清楚的物体经放大镜、幻灯机或投影仪等放大成像后可以分辨得更清楚的放大。此外，我们所看到的物象是否清楚不仅决定于放大倍数，而且还要受到一些物理因素和透镜质量的影响（例如球差和色差等），但归根到底，影响显微镜成像清晰度最关键的因素是显微镜的分辨率。如果分辨率不再提高，只提高放大倍数毫无意义，并不能增加图像的清晰度。

在光镜下即便是再提高放大倍数也无法看清亚显微结构（或超微结构）。要想看清这些结构，就必须选择波长更短的光源，以提高显微镜的分辨率。电子束的波长要比可见光和紫外光短得多（表5-1），电子束的波长与发射电子束的电压平方根成反比，也就是说电压越高波长越短。1924年，法国科学家De Brogli（德布罗利）证明了："任何一种粒子，当它们在快速运动的时候，必定都伴随有电磁辐射，辐射的波长与粒子的质量及粒子运动的速度成反比。"由此证明了粒子运动的波动性。1926年，德国科学家Bushi（布施）证明了："高速运动的电子，在穿越电场或磁场的时候，会发生折射，并且能够被会聚就如同普通的可见光通过光学透镜被折射会聚一样。"从而证明粒子运动的可折性。在这两个著名的发现的基础上，德国柏林大学的E. Ruska（鲁斯卡）等便选择了电子束为光源来突破光学显微镜分辨率的极限，经过10余年的努力，终于在1938年发明了世界上第一台实用透射电镜。由此可见，电镜的问世是研究细胞超微结构的必然需要。

表 5-1 各种光与电子束的波长比较

名称	波长（nm）	名称	波长（mm）
可见光	760～390	电子束	
紫外光	390～13	100 V	0.123
X-射线	13～0.05	10 000 V	0.012 2
γ-射线	1～0.005	100 000 V	0.003 87

2. 电镜与光镜的异同点

透射电镜在结构上与光镜相类似，均是由照明光源和透镜构成。所不同的是：①电镜所用照明光源为电子枪发射的高压电子束，而光镜为卤灯（或汞灯）产生的可见光（或紫外光）。②电镜所用透镜为电磁透镜，聚焦方式为电聚焦，而光镜所用透镜为光学透镜，聚焦方式为机械聚焦。③电镜所用介质必须是高真空,而光镜则为空气。详细区别见表5-2。

表 5-2　电子显微镜与光学显微镜的异同点

	光学显微镜	电子显微镜
照射光	光束	电子束
波长(nm)	200~750	0.003~0.008
介质	空气	真空
透镜	光学透镜	电磁透镜
分辨力	0.2~0.1 μm	约 0.1 nm
放大倍数	1 000	1 000 000
聚焦方式	机械聚焦	电磁聚焦
反衬度	吸收、反射	散射、吸收、衍射、相位

透射电镜与光镜的成像原理基本相同,但由于二者所用照明光源的不同,其成像机理又有着本质的区别。光镜的成像过程是对可见光的反射与吸收;而电镜的成像过程则是通过对电子束的聚焦、散射和放大(图 5-1)。

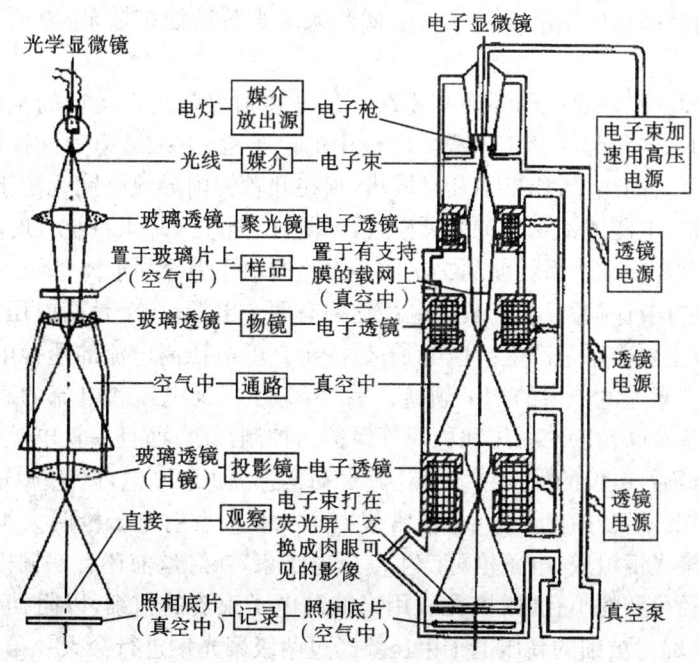

图 5-1　电子显微镜与光学显微镜结构的对比图解

(二)透射电镜的结构与成像原理

1. 透射电镜的结构

电镜的基本构造见图 5-1。在结构上电镜主要由真空系统、循环冷却系统、供电及保护系统、照明系统、成像系统和观察记录系统六大部分构成,其中,照明系统和成像系统又被称为透镜系统或电子光学系统。

(1)真空系统:电镜所用"光"源为高压电子束,这就要求其介质必须处于真空状态。一般说来,抽真空的意义有三:①防止灯丝的氧化损伤,延长灯丝寿命;②确保电子束在运行过程中不受空气分子的干扰(因为电子在运行过程中一旦遇到空气分子便被散射或吸收,会严重干扰电子的运动轨迹);③去除空气分子对样品的污染。

真空系统由机械泵、油扩散泵(目前还有涡轮分子泵和离子泵)、真空管道、阀门、冷阱和储气罐等装置构成。机械泵可从大气状态(1 Pa)抽到 1.3×10^{-5} ~ 1.3×10^{-6} Pa;油扩散泵可从 1.3×10^{-6} Pa 抽到 1.3×10^{-7} ~ 1.3×10^{-9} Pa;冷阱中加入液氮后还可以从 1.3×10^{-9} Pa 抽到 1.3×10^{-10} Pa。对于一般的电镜,真空度达到 1.3×10^{-9} Pa 便可安全使用。但对于场发射枪电镜以及高分辨率的电镜,真空度则需达到 1.3×10^{-12} Pa 才能安全使用,这就要求除上述抽真空装置外,还必须使用离子泵和真空涡流泵等来替换油扩散泵,以便获得更高的真空度。

(2)循环冷却系统:循环冷却系统是保证透射电镜正常运行的重要保护系统,由冷却水器和循环管道组成。电镜中的电子枪、电磁透镜和油扩散泵工作中都产生巨大的热量,如果不及时散热,则在几秒钟内导致电镜无法工作,甚至导致电子枪、电磁透镜和油扩散泵损毁,因此,由循环冷却水系统及时将热量排放出去。循环冷却水系统使用二次或一次蒸馏水作为冷却水体。

(3)供电及保护系统:一般的电镜均拥有两个电源,一个是高电压低电流的高压电源,主要作用是产生高速电子;另一个是低电压高电流的透镜电源,主要作用是控制高速电子束的运动轨迹。另外,为了保证电压和电流的高度稳定,电镜还配备有高精度的稳压和稳流等保护与控制系统;而且一旦电镜的某一部分发生故障后,电镜的保护系统会让其自动紧急关机和断电,以免损伤电镜。

(4)照明系统:由电子枪(包括常规电子枪和场发射电子枪两大类)和两级(或三级)聚光镜组成,电子枪可产生高压电子束,在灯丝前还有一栅极,栅极中央有一孔径可调的小孔(栅极孔),用来控制电子束流的粗细,以阻挡一些散射电子(图 5-2)。极细的高压电子束还要经过两级聚光镜进行会聚。第一聚光镜将电子束的直径缩小 20~60 倍,第二聚光镜再将电子束的直径扩大 1~2 倍,以期获得具有高速、高能和高密度的极细而均匀的电子束流。

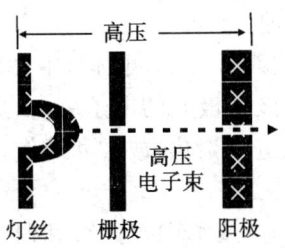

图5-2 高压电子枪的工作原理示意图

(5)成像系统：成像系统包括样品室、成像和放大透镜等。样品室为放置样品的部位,位于镜筒的中部,分为顶插式样品台和侧插式样品台。样品放置在样品杆前端的样品槽中(可同时放置两个不同的样品),直接插入到样品室中。此外,还有一冷阱直接与样品室相连。冷阱由一液氮罐和一金属导杆组成,金属导杆直接插入到样品室及物镜中。液氮罐中的液氮(−196℃)将低温经金属导杆直接传递到样品室中。这一结构的主要作用包括：①低温金属导杆通过直接吸附样品室中的少量空气分子以提高真空度；②样品室内温度的降低还可防止电子的热漂移；③有效降低物镜的工作温度,使其处于高度稳定的工作状态,从而拍摄并获得高分辨率的电子图像。

电子显微镜的成像系统分别由物镜、中间镜Ⅰ、中间镜Ⅱ、投影镜Ⅰ和投影镜Ⅱ五级电磁透镜组成,透过样品的电子束经过成像系统的放大,使我们获得了极高放大倍数的图像,例如透过电子束经过物镜后被放大50倍,经中间镜Ⅰ被放大3倍,经中间镜Ⅱ被放大15倍,经投影镜Ⅰ和Ⅱ被放大200倍,共计就可以获得被放大约500 000倍的图像。

(6)观察记录系统：由观察室、目镜、照相装置和TV摄像装置构成。观察室又包括荧光屏(包括主荧光屏和辅助荧光屏)和铅玻璃窗(一般厚度为15 mm)。透过样品的电子束经过成像系统的放大打到荧光屏上可显示出反映样品真实结构的图像。由于散射电子及电子束产生的低频X-射线对人身体有害,故需要通过一个铅玻璃窗来观察,为了观察得更加清晰,在观察室外还配有一目镜,将电子图像放大10倍。在观察过程中,对于理想的结构图像可进行摄影。需要注意的是荧光屏耐受电子束轰击的能力较弱,不能以较高亮度长时间照射固定的视野,所以一旦观察到理想的结构图像就需要尽快利用照相装置进行照相。值得注意的是电镜照相与普通照相不同,它是一种耐高真空的高分辨的色盲软片,一般的尺寸为11.8 cm×8.2 cm。胶片使用前必须经过真空预抽处理。

2. 透射电镜的成像原理

透射电镜之所以能获得高分辨率的图像，主要是因为它解决了两个关键问题，一是用电子枪发射出了波长极短的电子束，二是利用电磁透镜可控制电子的运动轨迹，即可对电子束进行聚焦、放大和成像。故透射电镜的放大倍数可高达百万倍。

常规电子枪由枪体、钨丝（或 LaB_6 灯丝）和栅极帽构成。当给钨丝加电流时，钨原子外层电子获能形成自由电子，并运动到钨丝的尖端；在钨丝和栅极之间施加偏压，使电子离开钨丝穿过栅极孔形成电子束；在电子枪和阳极间施加高电压（加速电压，kV）形成极强的电场，从而使电子束获得了很高的能量和加速度。如图 5-3 所示，高能电子束迅速进入电子通道，在（照明透镜）磁场中聚焦，形成具有高速、高能、高密度的电子束，电子枪发射出的高速电子被会聚到待观察的样品上；电子束在通过样品时会发生散射，但由于样品不同部位的质量厚度不同，即物质的组成结构不同，电子束发生散射的程度就不同；透过样品后的电子束撞击到荧光屏上，由电能转变成光能，形成了电子密度不同的图像。此图像各处电子密度不同真实反映了样品不同部位的物质结构，因而可用来分析和研究样品的超微结构。

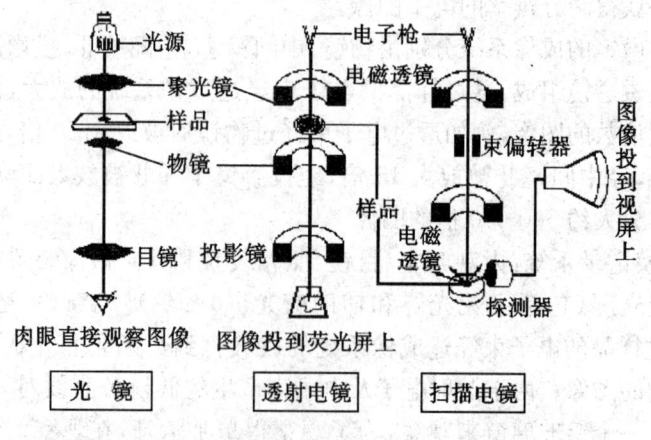

图 5-3　光镜、透射电镜及扫描电镜的成像光路图解

由此可见，在透射电镜中，被观察粒子的大小一定要大于电子束的波长才能被分辨出来，否则，电子束就会发生绕射，无法看到粒子。这也是电镜的分辨率由电子束波长所决定的原因之所在。

另外，用于透射电镜的标本必须制成厚度仅有 0.05～0.08 μm 的超薄切片,而且由于电子束不能透过玻璃,因此这种切片需要用特制的样品托(200～400目的铜网,直径3 cm),而不能用普通光镜所用的载玻片。

(三) 扫描电镜的结构与成像原理

在Oatley等学者的努力下,于1965年研制成功了世界上第一台实用扫描电镜(scanning electron microscope, SEM)。其功能是用来观察标本的表面形态结构。首先标本表面被电子束击发出二次电子,然后由探测器俘获所需的信号,经放大、转换成为电压信号,最后传送到显像管的栅极上,其内部的电子束在荧光屏上同步地做光栅状扫描,从而荧光屏上同步地获得了反映样品表面特征的扫描电子图像。图像为三维立体形象,反映了标本表面的真实结构。为了使标本表面发射出二次电子,标本要进行特殊处理。标本在固定、脱水后,要喷涂上一层重金属微粒,重金属在电子束的轰击下会发出二次电子信号,可用于电子成像。

1. 扫描电镜的基本结构

扫描电镜在结构上主要是由电子枪、电磁透镜、扫描线圈、样品室、信号的收集、处理及显示系统、真空系统,以及供电保护系统和循环冷却系统等部分组成。其中,电子枪、电磁透镜、扫描线圈又被称为电子光学系统。

其电子枪所发射电子的波长一般为1～10 nm,使用的电压范围为1～10 kV。扫描线圈为扫描电镜所特有的结构,可作光栅状扫描,以便在荧光屏上显示出扫描图像。扫描电镜的样品室较大,样品有专用的样品托,可在样品室内进行不同方向的平移和倾转;另外,在样品室内还装配有检测部件。信号的收集、处理及显示系统包括二次电子探测器、光电倍增管和显像管。二次电子探测器又由闪烁体和光导管构成,主要作用是收集由标本表面发射出的二次电子,并将其转变成光子;光电倍增管可将光子信号放大后,又将其转换成电压信号;而显像管便可将所接受到的电压信号转变成为亮度不同的图像。

2. 扫描电镜的成像原理

电子枪发射出的电子束,经电磁透镜会聚成极细的电子束,并进而聚焦在待测样品表面;由于样品不同部位的表面形貌不同,入射电子束与样品表面所喷涂的重金属原子相互作用后所产生的二次电子信号也不同;此二次电子信号为探测器接收后,被转变成光子,传递给光电倍增管进行放大和转换;转换成的电压信号经扫描线圈扫描后显示在显像管的荧光屏上。

由于扫描线圈在样品上作扫描光栅状的逐点扫描,再加上显像管的偏转线圈电流与扫描线圈电流高度同步,因此,显像管荧光屏上的任何一点的亮度与样品表面上相应点所发出的二次电子数均是一一对应的,因此,显示在荧光屏上的图像就是样品表面形貌的真实写照。

综上所述,扫描电镜在结构和工作原理上均不同于透射电镜。如:①扫描电镜所用样品的制备方法简便,不需经过超薄切片,经固定、脱水、干燥和喷金后即可;②扫描电镜的常规图像采用的是二次电子成像;③扫描电镜所观察到的图像景深长,图像富有立体感,但只能反映出样品的表面形貌;④图像的放大倍率在很大范围内是连续可变的($10\times \sim 10^5 \times$);⑤样品的辐射损伤及污染程度小等。

但与透射电镜相比,扫描电镜又存在不可逾越的局限性,如:①分辨率还不够高;②无法显示样品内部的详细结构等。为此,近年来出现了一种新的电镜技术——冰冻蚀刻技术(freeze etching),利用"覆膜(replica)"在透射电镜下进行观察,既可观察到样品的内部结构,又可观察到富有立体感的图像,还提高了分辨率。

(四)电镜的操作演示与示教

1. 电镜操作的演示

学生参观分两组交叉进行,一组参观透射电镜,一组参观扫描电镜,然后再交换参观。

2. 电镜照片的展示

挑选一批具有代表性的动植物细胞不同超微结构的电镜照片,供同学们观察和学习,以了解各种亚细胞结构的超微结构特征。

三、实验用品

透射与扫描电镜、超薄切片机、幻灯机、投影仪、超薄切片示教片,以及各种细胞超微结构照片等。

四、作业

(1)通过本实验的学习,比较光镜与电镜工作原理的区别。

(2)区分细胞的超微结构和显微结构,写出各种示教细胞器的名称及其结构特征。

五、思考题

(1)通过本实验的学习,比较光镜与电镜的主要异同点。

(2)总结扫描电镜与透射电镜的主要异同点。

实验六　动物细胞微丝束的光学显微镜观察

真核细胞胞质中错综复杂的纤维状网络结构称为细胞骨架（cytoskeleton），主要包括微管（microtubule，MT，直径为 20~25 nm）和纤丝（filament）两大类；另外，胞质中还散布着一些直径为 3~6 nm 的细小纤维。按纤维的直径、组成成分以及组装结构的不同，纤丝又可分为微丝（microfilament，MF）、中间丝（intermediate filament，IF）和粗丝（thick filament，TF）三类。微丝的直径为 6~7 nm，由肌动蛋白（actin）组成，又名肌动蛋白丝，其长度不定，多分布在近细胞膜的下方。微丝是肌动蛋白亚单位组成的螺旋状纤维（F-actin），在不同种类的细胞中，它们又与某些结合蛋白一起形成不同的亚细胞结构，如张力纤维（stress fiber）、肌肉细丝、肠上皮绒毛轴心等。观察微丝可以用电镜、组织化学、免疫细胞化学等手段。本实验用考马斯亮蓝 R250（coomassie brilliant blue R250）显示微丝组成的张力纤维。张力纤维在体外培养细胞中普遍存在，与细胞对基质的附着、维持细胞扁平铺展的形状有关。至于活体内哪些细胞具有张力纤维研究得还比较少，比较明确的是一些迅速运动的细胞，如巨噬细胞、变形虫等缺乏张力纤维。张力纤维的组成除了肌动蛋白外，还有肌动蛋白结合蛋白，如 α-辅肌动蛋白、肌球蛋白和原肌球蛋白等沿着张力纤维的轴向进行周期性地分布，类似于肌原纤维的组织分布，并具有收缩功能。

一、实验目的

(1) 掌握考马斯亮蓝 R250 染动物细胞胞质微丝的方法。
(2) 对细胞内微丝的分布有一个整体上的认识。

二、实验原理

考马斯亮蓝 R250 是一种普通的蛋白质染料，它可以使各种细胞骨架蛋白质着色，并非特异地显示微丝，但是由于有些细胞骨架纤维在该实验条件下不够稳定（例如微管）；还有些类型的纤维太细，在光学显微镜下无法分辨，因此我们看到的主要是微丝组成的张力纤维，直径为 40 nm 左右。张力纤维形态长而直，常常与细胞的长轴平行并贯穿细胞全长。

染色时用的 M-缓冲液，其中咪唑是缓冲剂，EGTA 和 EDTA 螯合 Ca^{2+} 离子,溶液中提供 Mg^{2+} 离子。在此低钙条件下,骨架纤维保持聚合状态并且较为舒张。

三、实验用品

(一)材料

体外培养的动物细胞。

(二)试剂

(1) 0.01 mol/L 磷酸盐缓冲生物盐水(PBS):

0.2 mol/L PB 缓冲液(pH=7.3)	50 mL
NaCl	0.15 mol/L
重蒸馏水	至 1 000 mL

其中 0.2 mol/L^{-1} PB 缓冲液的配法为:

0.2 mol/L Na_2HPO_4	77 mL
0.2 mol/L NaH_2PO_4	23 mL

(2) M-缓冲液:

咪唑(imidazole, pH=6.7)	50 mmol/L
KCl	50 mmol/L
$MgCl_2$	0.5 mmol/L
EGTA	1 mmol/L
EDTA	0.1 mmol/L
巯基乙醇(mercaptoethanol)	1 mmol/L
甘油	4 mmol/L

用 1 mol/L HCl 调 pH 值至 7.2。

(3) 1% 的 Triton X-100/M-缓冲液。

(4) 0.2% 考马斯亮蓝 R250 染液,溶剂是:

甲醇	46.5 mL
冰醋酸	7 mL
蒸馏水	46.5 mL

(5) 30% 戊二醛-PB 溶液,pH=7.2。

(三)器材

显微镜,载玻片,35 mm 小染缸。

四、实验方法

(1)细胞培养在盖玻片上,当细胞长满盖玻片面积的80%~90%时取出,用PBS液轻轻漂洗。

(2)用1% TritonX-100/M-缓冲液处理15分钟,室温或37℃均可。TritonX-100是非离子型表面活性剂(去污剂),能增加细胞膜通透性并抽提部分杂蛋白质,使骨架图像更清晰。

(3)M-缓冲液轻轻洗细胞3次,M-缓冲液有稳定细胞骨架的作用。

(4)3%戊二醛-PB液固定细胞5~15分钟。

(5)PBS液洗细胞若干次,用滤纸吸干。

(6)0.2%考马斯亮蓝R250染片30分钟,小心地用水漂洗,空气干燥,直接观察或用树脂封片。

五、实验结果

用普通光学显微镜观察(图6-1),可见到深蓝色的纤维束,粗细不等,基本上平行排布。在成纤维样细胞(如CHO、包皮等细胞)中,纤维沿细胞长轴排列;而在上皮样细胞(如HeLa等),因细胞呈多边形,张力纤维有交叉,沿不同方向跨越胞体伸向细胞突起处或黏着斑处。

图6-1 人鼻咽癌(CNE)细胞张力纤维的显微照片(考马斯亮蓝R250染色)

注意:张力纤维是一动态结构,在充分贴壁铺展的细胞中纤维挺直、丰富,形态比较典型;反之,张力纤维收敛略现弯曲。当将贴壁培养的细胞从基质表面除下时,细胞变圆,张力纤维随之消失。

六、作业

描绘你所观察到的细胞张力纤维图像。

七、思考题

(1)列举你所知道的动、植物细胞中由微丝组成的结构。

(2)试分别用细胞松弛素 B(3 μg/mL 培养液)、秋水仙胺(0.05 μg/mL 培养液)在 37℃下处理培养的细胞 2 小时,然后按前述实验方法进行考马斯亮蓝 R250 染色,细胞内显微形态有什么变化?比较所得结果并解释之。

实验七　动物细胞线粒体的分离与观察

线粒体(mitochondria)是真核细胞特有的重要的能量转换细胞器。细胞中的能源物质——脂肪、糖、部分氨基酸在此进行最终的氧化，并通过偶联磷酸化生成 ATP，供给细胞生理活动之需。对线粒体结构与功能的研究通常是在离体的线粒体上进行的。

一、实验目的

(1)掌握利用差速离心法分离动物细胞线粒体的实验方法。
(2)通过实验，学习动、植物细胞内一些细胞器的分离及其特异性染色技术。

二、实验原理

制备线粒体用组织匀浆在悬浮介质中进行差速离心的方法。在一给定的离心场中(对于所使用的离心机，就是选用一定的转速)，球形颗粒的沉降速度取决于它的密度、半径和悬浮介质的黏度。在一均匀悬浮介质中离心某一时间内，组织匀浆中的各种细胞器及其他内含物由于沉降速度不同而停留在高低不同的位置。依次增加离心力和离心时间，就能够使这些颗粒按其大小、轻重分批沉降在离心管底部，从而分批收集。细胞器中最先沉淀的是细胞核，其次是线粒体，其他更轻的细胞器和大分子可依次再分离。

悬浮介质通常用蔗糖缓冲溶液，它比较接近细胞质的分散相，在一定程度上能保持细胞器的结构和酶的活性，在 pH 值为 7.2 的条件下，亚细胞组分不容易重新聚集，有利于分离。整个操作过程应注意使样品保持 4℃，避免酶失活。

线粒体的鉴定用詹纳斯绿活染法。詹纳斯绿 B(Janus green B)是对线粒体专一的活细胞染料，毒性很小，属于碱性染料，解离后带正电，由电性吸引而堆积在线粒体膜上。线粒体的细胞色素氧化酶使该染料保持在氧化状态呈现蓝绿从而使线粒体显色，而胞质中的染料被还原成无色。

本实验主要介绍大鼠肝细胞线粒体的分离。

三、实验用品

1. 材料

大鼠肝脏。

2. 试剂

(1)生理盐水。

(2)1‰詹纳斯绿B染液,用生理盐水配制。

(3)0.25 mol/L 蔗糖缓冲液(pH=7.4):0.1 mol/L三羟甲基氨基甲烷(Tris)10 mL,0.1 mol/L 盐酸 8.4 mL,加重蒸水到 100 mL,加蔗糖到 0.25 mol/L。蔗糖为密度梯度离心用 D(+)蔗糖。

(4)0.34 mol/L 蔗糖 + 0.01 mol/L Tris-HCl 缓冲液(pH=7.4)。

(5)固定液:甲醇-冰醋酸(9:1)。

(6)吉姆萨染液:Giemsa 粉 0.5 g,甘油 33 mL,纯甲醇 33 mL。先往 Giemsa 粉中加少量甘油在研体内研磨至无颗粒,再将剩余甘油倒入,混匀,56℃左右保温 2 小时令其充分溶解,最后加甲醇混匀,成为吉姆萨原液,保存于棕色瓶。用时吸出少量用 1/15 mol/L 磷酸盐缓冲液作 10~20 倍稀释。

(7)1/15 mol/L 磷酸盐缓冲液(pH=6.8):1/15 mol/L KH_2PO_4 50 mL,1/15 mol/L Na_2HPO_4 50 mL。

3. 器材

高速离心机、解剖刀剪、小烧杯、冰浴、漏斗、尼龙织物、玻璃匀浆器。

四、实验方法

1. 制备大鼠肝细胞匀浆

实验前使大鼠空腹 12 小时,击头处死后剖腹取出肝脏,迅速用生理盐水清洗,并用滤纸吸干。称取肝组织 2 g,剪碎后用预冷到 0℃~4℃的 0.25 mol/L 蔗糖缓冲液洗涤 3 次。然后在 0℃~4℃条件下,按每克肝加 9 mL 预冷的 0.25 mol/L 蔗糖缓冲液进行组织匀浆(蔗糖溶液应分数次添加),所得匀浆用双层尼龙布过滤后备用。

注意:尽可能地充分剪碎肝组织,并缩短匀浆时间,以保持待分离组分的生理活性。

2. 差速离心

先将 9 mL 0.34 mol/L 蔗糖缓冲液放入离心管中,然后小心地将 9 mL 肝匀浆沿管壁轻轻加入以使其覆盖于缓冲液上层。用冷冻高速度离心机按图7-1

的顺序进行差速离心。

注意：如无冷冻高速离心机，应尽量缩短操作时间，并注意样品的冷冻，以保持其生理活性。

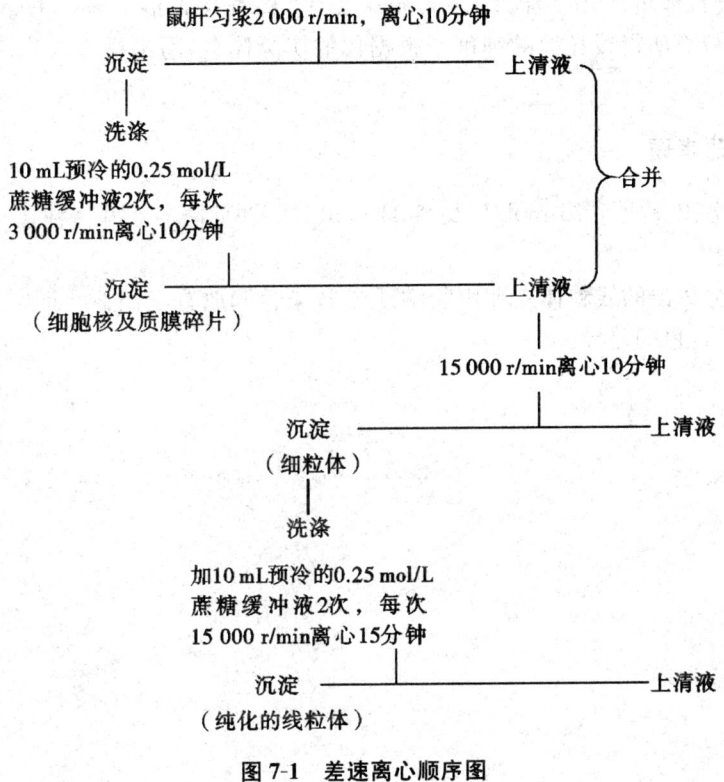

图 7-1　差速离心顺序图

3. 线粒体分离物的鉴定

取线粒体沉淀进行涂片（注意不要太多），在未干之前滴加 1% 詹纳斯绿 B 染液，染色 20 分钟，加盖玻片进行镜检。

如有兴趣，可以去鉴定细胞核的沉淀分离物。具体方法：取 1 滴细胞核沉淀进行涂片，用甲醇-冰醋酸固定液固定 15 分钟，充分吹干后滴吉姆萨染液（原液的 10~20 倍稀释液），染色 10 分钟。自来水冲洗、吹干、镜检。

五、实验结果

(1) 线粒体沉淀物的涂片用詹纳斯绿 B 染液染色后，线粒体呈现为蓝绿色的小棒状或哑铃状结构，在光镜下清晰可辨。

(2) 细胞核沉淀物的涂片用吉姆萨染液染色后，细胞核呈紫红色的球状结构。

六、作业

将线粒体沉淀作一涂片,用吉姆萨染色,检查是否混杂细胞核和胞质碎片,估计分离所得线粒体的纯度。根据你的实际体会,写出操作注意事项及改进方法。

七、思考题

(1)分离介质 0.25 mol/L 及 0.34 mol/L 缓冲蔗糖溶液哪一种在下层?有什么作用?

(2)分离出的线粒体立即用詹纳斯绿 B 染色和放置室温 2 小时后再染色,比较二者着色的差异。

实验八　叶绿体的分离与荧光观察

叶绿体是植物细胞所特有的能量转换细胞器,光合作用就是在叶绿体中进行的,由于具有这一重要功能,所以叶绿体一直是细胞生物学、遗传学和分子生物学的重要研究对象。叶绿体是植物细胞中较大的一种细胞器,利用低速离心即可分离集中而进行各种研究。

一、实验目的

(1)通过植物细胞叶绿体的分离,了解细胞器分离的一般原理和方法。
(2)观察叶绿体的自发荧光和次生荧光,并熟悉荧光显微镜的使用方法。

二、实验原理

将组织匀浆后悬浮在等渗介质中进行差速离心,是分离细胞器的常用方法。一个颗粒在离心场中的沉降速率取决于颗粒的大小、形状和密度,也同离心力以及悬浮介质的黏度有关。在一给定的离心场中,同一时间内,密度和大小不同的颗粒其沉降速率不同。依次增加离心力和离心时间,就能够使非均一悬浮液中的颗粒按其大小、密度先后分批沉降在离心管底部,分批收集即可获得各种亚细胞组分。

叶绿体的分离应在等渗溶液(0.35 mol/L 氯化钠或 0.4 mol/L 蔗糖溶液)中进行,以免渗透压的改变使叶绿体损伤。将匀浆液在 1 000 r/min 的条件下离心 2 分钟,以去除其中的组织残渣和未被破碎的完整细胞。然后,在 3 000 r/min 的条件下离心 5 分钟,即可获得沉淀的叶绿体(混有部分细胞核)。分离过程最好在 0℃~5℃ 的条件下进行;如果在室温下,要迅速分离和观察。

利用荧光显微镜对可发荧光的物质进行检测时,将受到许多因素的影响,如温度、光、淬灭剂等。因此在荧光观察时应抓紧时间,有必要时立即拍照。另外,在制作荧光显微标本时最好使用无荧光载玻片、盖玻片和无荧光油。

三、实验用品

1. 材料

新鲜菠菜。

2. 试剂

(1)0.35 mol/L 氯化钠溶液。

(2)0.01% 吖啶橙(acridine orange)。

3. 器材

(1)主要设备：普通离心机、组织捣碎机、粗天平、荧光显微镜。

(2)小型器材：500 mL 烧杯 2 个，250 mL 量筒 1 个，滴管 20 支，10 mL 刻度离心管 20 支，试管架 5 个，纱布若干，无荧光载玻片和盖玻片各 4 片。

四、实验方法

1. 叶绿体的分离与观察

(1)选取新鲜的嫩菠菜叶，洗净擦干后去除叶梗脉，称 30 g 于 150 mL 0.35 mol/L NaCl 溶液中，装入组织捣碎机。

(2)利用组织捣碎机低速(5 000 r/min)匀浆 3～5 分钟。

(3)将匀浆用 6 层纱布过滤于 500 mL 烧杯中。

(4)取滤液 4 mL 在 1 000 r/min 下离心 2 分钟。弃去沉淀。

(5)将上清液在 3 000 r/min 下离心 5 分钟。弃去上清液，沉淀即为叶绿体(混有部分细胞核)。

(6)将沉淀用 0.35 mol/LNaCl 溶液悬浮。

(7)取上述叶绿体悬液一滴滴于载玻片上，加盖玻片后即可在普通光镜和荧光显微镜下观察：①在普通光镜下观察；②在荧光显微镜下观察叶绿体的直接荧光；③在荧光显微镜下观察叶绿体的间接荧光，取叶绿体悬液一滴滴在无荧光载玻片上，再滴加一滴 0.01% 吖啶橙荧光染料，加盖玻片后即可在荧光显微镜下观察。

2. 菠菜叶手切片观察

用剃须刀片将新鲜的嫩菠菜叶切削出一斜面置于载玻片上，滴加 1～2 滴 0.35 mol/L NaCl 溶液，加盖玻片后轻压，置显微镜下观察。

(1)在普通光镜下观察。

(2)在荧光显微镜下观察其直接荧光。

(3)观察其间接荧光：向所制手切片上滴加 1～2 滴 0.01% 吖啶橙染液，染色 1 分钟，洗去余液，加盖玻片后即可在荧光显微镜下观察其间接荧光。

五、实验结果

1. 叶绿体的分离和观察

(1)普通光镜下,可看到叶绿体为绿色橄榄形,在高倍镜下可看到叶绿体内部含有较深的绿色小颗粒,即基粒。

(2)以 Olympus 荧光显微镜为例,在使用 B(bule)激发滤片、B 双色镜和 O530(orange)阻断滤片的条件下,叶绿体发出火红色荧光。

(3)加入吖啶橙染色后,叶绿体可发出橘红色荧光,而其中混有的细胞核则发绿色荧光。

2. 菠菜叶手切片观察

(1)在普通光镜下可以看到 3 种细胞:①表皮细胞,为边缘呈锯齿形的鳞片状细胞;②保卫细胞,为构成气孔的成对存在的肾形细胞;③叶肉细胞,为排列成栅状的切面观呈长方形和椭圆形细胞。叶绿体呈绿色橄榄形,在高倍镜下还可以看到绿色的基粒。

(2)在荧光显微镜下,叶绿体发出火红色荧光,但其荧光强度要比游离叶绿体弱,气孔发绿色荧光,两保卫细胞内的火红色叶绿体则环绕气孔排列成一圈。表皮细胞内的叶绿体数量要比叶肉细胞少。

(3)用吖啶橙染色后,叶绿体则发出橘红色荧光,细胞核可发出绿色荧光,气孔仍为绿色。

六、作业

(1)在普通光镜下,用目微尺和台微尺测量一下叶绿体的长轴和短轴,分别测量 5~10 个叶绿体,求其平均值。

(2)在荧光显微镜下,观察叶绿体的自发荧光时,更换滤镜系统,叶绿体的颜色是否有变化?

(3)游离叶绿体和整体细胞内的叶绿体,在荧光显微镜下,其颜色和强度有无差异?为什么?

七、思考题

(1)叶绿体分离的实验原理是什么?
(2)在分离叶绿体时应注意什么问题?
(3)普通光学显微镜与荧光显微镜有何异同点?

第二篇

细胞化学实验技术

第一章

不能做买卖的渔民

实验九 孚尔根反应

孚尔根反应(Feulgen reaction)是显示 DNA 的最典型的组织化学反应,是学者 Feulgen 和 Rossenbeck 在 1924 年首次发明出来的,简称为 Feulgen 法。因对 DNA 的显示反应具有高度专一性,因此常常被用来显示细胞内 DNA 的分布情况。

一、实验目的

(1)熟悉并掌握孚尔根反应的原理及其实验操作方法。
(2)对细胞的免疫组织化学研究方法有一初步的认识。

二、实验原理

自 Feulgen 等发明出显示 DNA 的孚尔根反应以来,其作用机制也久经研究和讨论,现已基本取得共识。其具体反应原理是标本经稀盐酸水解后,DNA 分子中的嘌呤碱基被解离,从而在核糖的一端出现了醛基。Schiff 试剂中的无色品红可与醛基反应,形成含有醌基的化合物分子,因醌基为发色团,故可呈现出紫红色。也就是说,DNA 经稀酸水解后产生的醛基,具有还原作用,可与无色品红结合形成紫红色化合物,从而显示出 DNA 的分布。其反应机制如下所示。

$$2HCl + Na_2S_2O_5 \rightarrow 2NaCl + SO_2 + H_2SO_3$$

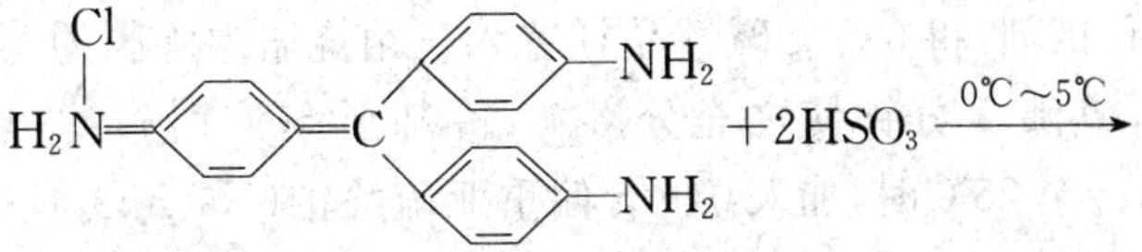

碱性品红

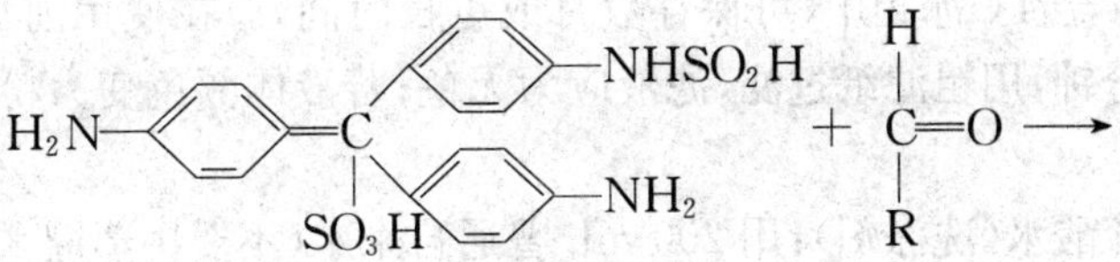

品红亚硫酸

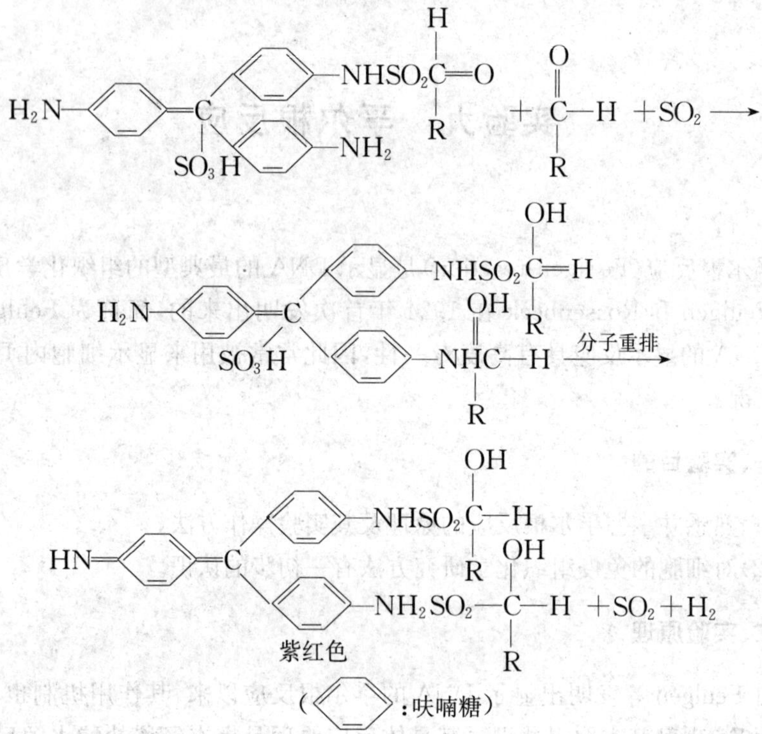

[反应式图示，含紫红色产物，苯环代表呋喃糖]

（⏣：呋喃糖）

三、实验用品

1. 材料

香柏油 5 瓶，擦镜纸 5 本，镊子 5 把，盖玻片 20 片，用 carnoy 固定液固定的肝脏和精巢切片 20 片。

2. 试剂

(1) schiff 试剂：将 0.5 g 碱性品红置入三角烧瓶内沸腾的蒸馏水中，时时摇动玻璃瓶，煮沸 5 分钟使之充分溶解，冷却至 50℃ 时过滤，加入 10 mL 1 mol/L HCl，冷至 25℃ 时，加入 0.5 g 偏重亚硫酸钠（$Na_2S_2O_3$），在室温冷暗处至少放置 24 小时（有时需 2~3 天），使其颜色退至淡黄色，密封瓶口，藏于暗处，最好保存于 4℃ 冰箱中（可保存数月或更长时间）。在使用前加入 0.5 g 活性炭，摇 1 分钟，用粗滤纸过滤，滤液应为无色；若液体颜色变为粉红色，便不能再用。

(2) 亚硫酸水（洗涤剂）：用 200 mL 普通自来水（不要用蒸馏水，以免引起误差）、10 mL 10% 的偏重亚硫酸钠水溶液和 10 mL 1 mol/L HCl，三者在使用前混合,现用现配。

(3)1 mol/L HCl(水解用):取 82.5 mL 相对密度为 1.19 的盐酸加蒸馏水 1 000 mL 即成(应将盐酸缓缓加入水中)。

(4)1% 亮绿(light green):亮绿 1 g,溶于 100 mL 蒸馏水中。

(5)30%,50%,70%,85%,95%,100% 的酒精及二甲苯。

3. 器材

显微镜 20 台、立式染色缸 80 个、水浴锅 1 台。

四、实验方法

1. 取材与固定

取材要小,一般以 2～3 mm 的厚度为宜,固定剂可用 1% 的 OsO_4,Helly 液,Zenker-formol 液以及冷 Carnoy 液,通常多用 Carnoy 液(纯酒精：冰醋酸：氯仿=6：1：3),固定后放 0℃～4℃冰箱 4～6 小时。

2. 脱水

依次经过 95% 酒精两次,每次 20～30 分钟；100% 酒精两次,分别为 30 分钟、40 分钟。

3. 制片

二甲苯透明,石蜡包埋,切片 6～7 μm,动物胶(明胶)贴片,烘干。在贴片时应滴加 1～2 滴 10% 甲醛予以固定,否则很易脱片。

4. 脱蜡

将制片经二甲苯Ⅰ(20 分钟)和二甲苯Ⅱ(10 分钟)将石蜡脱净,再经 100%,95%,85%,70%,50%,30% 的酒精各 8～10 分钟,最后放入蒸馏水中 5～10 分钟。

5. 水解

先将制片放入一盛有 1 mol/L HCl 的染色缸内,清洗一下,然后将载玻片放入已温浴至 60℃ 的 1 mol/L HCl 溶液中水解 8 分钟。水解后很快将标本取出,放入室温 1 mol/L HCl 溶液中。

注意：这个步骤非常重要,必须用 1 mol/L 稀盐酸冲洗,因为它可以防止试剂贴在切片上。如用蒸馏水冲洗,则试剂本身也可以水解,所释放出的碱性品红,可以使切片内一切嗜碱性物质皆染色从而引起严重的错误。若切片较厚,可延长其水解时间,而且每次均需更换洗涤剂。

6. 水洗

用蒸馏水冲洗 3 次,使水解停止。

7. 染色

将标本放入 Schiff 试剂中染色 0.5~1.5 小时(时间长短依材料而定),不可在载玻片上直接染色。通常动物组织要染 1~2 小时,植物组织要染 2~3 小时。

8. 洗涤

在染色缸中用亚硫酸水洗 3~5 次,每次洗 2~3 分钟,以洗去多余的非特异性色素及扩散的染料。

9. 水洗

流水冲洗 5 分钟,再用蒸馏水洗片刻(也可用蒸馏水多洗几次,但不要用自来水冲洗)。

10. 复染

用 1% 亮绿复染数秒钟

注意:复染时间切忌过长,以免染色过深,影响对 DNA 的观察。

11. 水洗、脱水与封片

用蒸馏水洗两次,每次 5 分钟;再经过 30%,50%,70%,85%,95%,100%(Ⅰ),100%(Ⅱ)的酒精各 3~5 分钟;二甲苯透明Ⅰ和Ⅱ,各 8~10 分钟。中性加拿大树胶封片。

五、实验结果

细胞核中的 DNA 呈鲜亮的紫红色反应,它不但反映出 DNA 存在的部位及其分布情况,而且还可从颜色反应的深浅,来判断 DNA 的相对含量。细胞质被亮绿复染成绿色,核仁通常为负反应;但在有些材料的细胞质中,DNA 也会出现阳性反应。

六、作业

(1)绘图表示孚尔根反应的染色结果,并上交孚尔根反应的永久切片 1 张。
(2)总结孚尔根反应染色结果的影响因素。

七、思考题

(1)孚尔根反应的实验原理是什么?
(2)在稀盐酸水解后,为什么要用亚硫酸水进行洗片?

附 孚尔根方法应注意的几个问题

1. 对照切片的制作

进行孚尔根反应时,一般要做一对照切片以便验证反应结果。对照切片应不经水解直接放在 schiff 试剂内,且应为负反应。但需要注意的是,对照切片在 schiff 试剂中最多不要超过 1 小时(0.5 小时即可),时间过长,试剂本身的酸性也会使 DNA 水解,从而出现假的正反应。

2. 固定剂的选择

以前很多人认为,选用的固定剂不应含有醛基或含有氧化剂。后来发现含醛基或氧化剂的固定剂对反应的专一性并没有影响。实践证明,一切好的组织学固定剂均适用于孚尔根反应。如 Bhampy 固定剂、Helly 固定剂、Flemming 固定剂、OsO_4 固定剂、Carnoy 固定剂、zenker 固定剂和 Bouin-Aller 固定剂。

但在上述固定剂中,以 OsO_4 和 Carnoy 液效果较好,OsO_4(1‰或 0.5‰)是孚尔根反应的理想固定剂,只是因 OsO_4 价钱较贵,故一般多采用 Carnoy 固定液。在孚尔根反应中,不能单独使用 Bouin 固定液,因为它是孚尔根反应的最坏固定剂,但经 Aller 改进后的 Bouin-Aller 固定液效果却较好。

3. 水解时间

孚尔根反应通常用稀酸进行水解,但水解的时间一定要适当。如水解时间不够,反应就会变弱;如水解时间过长或水解过于剧烈,则脱氧核糖也易掉下来,反应也会减弱。适当的水解时间一般为 8～12 分钟。但是水解时间长短也要视标本的类型(如厚薄等)、固定剂的性质以及酸的浓度而定。

4. Schiff 试剂的作用

孚尔根反应成功与否的一个非常关键的因素,就是 schiff 试剂的质量。有一大类试剂均称为碱性品红,它们实际上是由几种产品分别组成的。因此只能选用注明"DNA 染色反应用"的碱性品红才行。此外,Schiff 试剂的配制方法也可影响 DNA 的染色反应。

实验十 过碘酸锡夫反应

根据 Lison 的意见,对细胞中葡萄糖的研究不属于细胞化学的研究范围,因为它不易沉淀,很易溶解,在材料处理过程中,甚至在固定过程中很快就发生了扩散。只有大分子的多糖类才是细胞化学研究的对象,因为游离的糖无法用细胞化学的方法来测定,即使用冰冷干燥制片法,也难以达到测量的目的。这也是因为它们的分子量很低,与水和其他溶剂的融合力较高所致。Dewulfe 和 Stuler 曾多次对葡萄糖的细胞化学进行实验研究,都未成功。

所以在细胞中通常只有那些大分子的多糖才是细胞化学的研究对象,其中包括多糖类、黏多糖类、黏蛋白及糖脂类,由于它们的分子量大,溶解度较低,在细胞中易沉淀,因此,在缓慢的反应条件下可以用细胞化学的方法显示出来。

一、实验目的

(1)掌握对小鼠肝脏切片进行过碘酸锡夫反应(periodic acid schiff reaction, PAS 反应)染色的操作方法,特异性显示多糖在肝细胞中的分布情况;
(2)理解 PAS 反应的原理,学会并能灵活应用 PAS 染色技术。

二、实验原理

在石蜡切片中,低分子量的糖,如单糖、双糖,在固定和脱水过程中消散,因此在制片中只含有高分子量的糖,如糖元、黏多糖类、黏蛋白等。虽然在高聚的多糖分子内存在自由的醛根,但无法采用醛基反应将其显示出来,必须在某些氧化剂和水解剂的作用下才能露出。

过碘酸是把多糖类氧化成高分子醛化物的氧化剂。这种高分子的醛化物可被 Schiff 试剂染色。其反应机制可由下式表示:

$$\begin{matrix} R-CHOH \\ | \\ R-CHOH \end{matrix} + HIO_4 \rightarrow 2RCHO + HIO_3 + H_2O$$

从以上反应可以看出,多糖类中有邻位乙二醇或邻位氨基醇时,则可被过碘酸氧化成双醛,然后再用有关试剂检出。

试剂中常用的有 Schiff 试剂。此外还有香胺(arylamines)、复红、酸性复红、斯麦褐等均可代替 Schiff 试剂。

PAS 反应的化学过程：PAS 反应的化学基础是利用过碘酸的氧化作用将 C—C 键打开，把 CHOH—CHOH 变成 CHO—CHO，同样对 CH_2OH—CHO，CHOH—COOH，CH_2OH—CH_2NH_2 等物质均有氧化作用，而放出醛基。这种新生的醛基和无色碱性品红(basic fuchsin)形成紫红色化合物，过碘酸对 C—C 键的作用和其他氧化剂如 $KMnO_4$，$HCrO_4$，H_2O_2 的不同，在于它不能继续氧化新生的醛基，从而充分地给予 Schiff 试剂与新生醛基化合成紫红色化合物的机会。PAS 反应的化学过程详见如下：

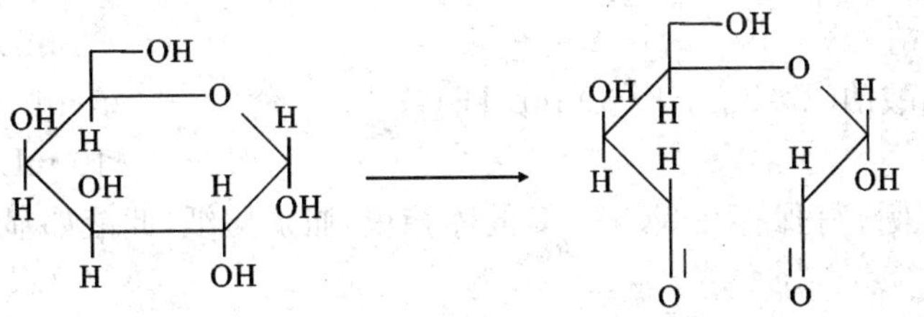

多糖中糖基　　　　　　　　产生双醛基

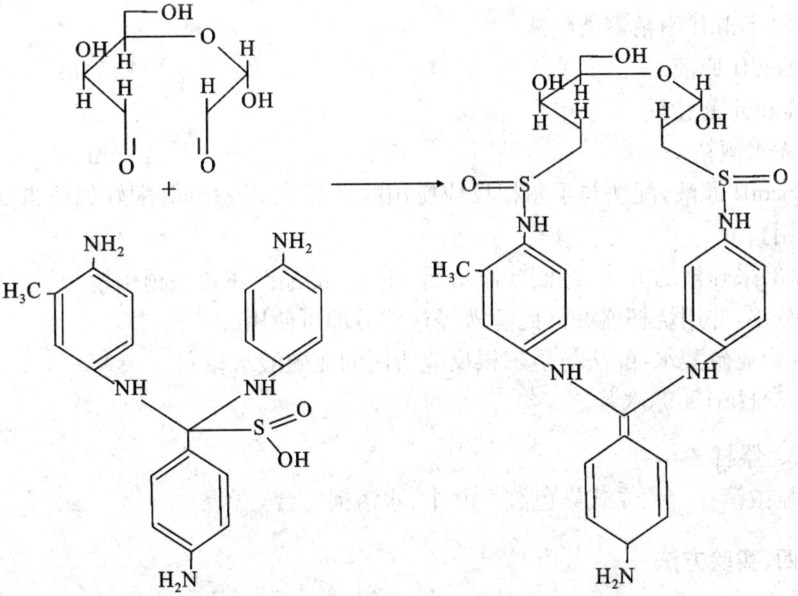

Schiff 试剂　　　　　　　　紫红色化合物

三、实验用品

1. 材料

香柏油 5 瓶,擦镜纸 4 本,镊子 15 把,盖玻片 30 片,用 carnoy 固定液固定的肝脏和精巢切片 30 片。

2. 试剂

(1)过碘酸酒精溶液:

过碘酸($HIO_4 \cdot 2H_2O$)	0.4 g
95%酒精	35 mL
$M/5$ 醋酸钠(27.2 g + 1 000 mL H_2O)	5 mL
蒸馏水	10 mL

以上溶液配好保存在 0℃~4℃的冰箱里,瓶加黑纸,此液如显黄色即表明已失效。

如用 $CH_2COONa \cdot 3H_2O$,则 $M=136.9$ Dalton,$M/5=27.4$
如用 CH_3COONa,则 $M=82.04$ Dalton,$M/5=16.4$

(2)Schiff 酒精溶液配法:

Schiff 原液	11.5 mL
1 mol/L 盐酸	0.5 mL
无水酒精	23 mL

Schiff 原液,配法与孚尔根反应所用的 Schiff 原液相同(配好如略带红色仍可使用)。

(3)采唾液的方法:经刷牙漱口后,用 1%的醋酸在舌尖稍稍接触后,唾液即开始分泌,并用烧杯盛好。此唾液经过滤后即可使用。

(4)亚硫酸水:配法与孚尔根反应所用的亚硫酸水相同。

(5)Harris 苏木紫。

3. 器材

显微镜 30 台、立式染色缸 240 个、水浴锅 4 台。

四、实验方法

(1)取 2 mm 厚的肝、心肌、肾、小肠等组织块,一般用 Carnoy 液固定装好,在 0℃~4℃的条件下,放置冰箱 4~6 小时。

另外,利用纯酒精饱和的苦味酸和甲醛混合液(1∶1)固定糖元效果较好。

(2)酒精脱水、二甲苯透明、石蜡包埋。具体步骤可参考实验九"孚尔根反应"。

(3)切片与铺片:将标本切成 6~7 μm 的厚度,用明胶贴片。如染糖元,铺展切片时勿用水,可改为 70% 的酒精。

(4)经二甲苯脱蜡后进入纯酒精,再入含有 1% 的火棉胶的纯酒精 1 分钟,直接放入 70% 的酒精。

(5)染色。①如染糖元,从 70% 的酒精直接放入过碘酸酒精溶液 5~15 分钟。经 70% 的酒精洗片刻,入 Schiff 酒精溶液染 15 分钟。②如染其他多糖,则经水洗后入过碘酸酒精溶液 5~15 分钟。再经水洗,入 Schiff 酒精溶液染 15 分钟。③对照片,染糖元的对照片必须先用唾液消化 0.5~1 小时(37℃)或以 pH 值为 4.2(或 5.3)磷酸盐缓冲液配的 0.1%~1% 淀粉酶消化 30~60 分钟后再入染色液。

(6)亚硫酸水洗 3 次。

(7)流水冲洗 3~5 分钟。

(8)蒸馏水洗。脱水经 50%,70%,95% 酒精各一次(每次 3~5 分钟),100% 酒精两次(每次 5~6 分钟),二甲苯透明(10~15 分钟),树胶封片。

也可将细胞核染成浅蓝色,在流水冲洗之后,入 Harris 苏木紫复染 20~30 秒。

五、实验结果

糖原呈紫红色颗粒,上皮黏液蛋白呈淡紫红色,黏蛋白及中性黏多糖呈紫红色。糖蛋白常呈紫红色,肥大细胞颗粒呈红色,经过唾液或淀粉酶消化后的糖原部分则无紫红色颗粒反应。

六、作业

(1)描述糖原、糖蛋白、黏蛋白、中性黏多糖以及肥大细胞颗粒所呈现出的颜色反应。

(2)分析糖原、糖蛋白、黏蛋白及中性黏多糖呈紫红色反应,而上皮黏液蛋白呈淡紫红色、肥大细胞颗粒呈红色的原因。

七、思考题

(1)为什么经过唾液或淀粉酶消化后的糖原部分在 PAS 反应中不出现紫红色颗粒反应?

(2)请设计一个利用 PAS 反应的实验,说明研究目的、研究方案、技术路线以及预期研究结果。

实验十一　溶酶体的染色与观察

自 1955 年,Duve 等观察到溶酶体(lysosome)以来,发现溶酶体几乎存在于所有的动物细胞中,植物细胞中虽无单独存在的溶酶体,但也有圆球体(spherosome)、糊粉粒(aleurone)及蛋白质小体(protein body)等类似结构,这些小体含有酸性水解酶等多种酶,具有类似于溶酶体的性质。

溶酶体为单层膜包围的含有多种酸性水解酶的一种异质性囊泡状细胞器,遍布于整个细胞质中。在细胞内消化、防御、衰老和多余细胞器的清除以及发育过程中细胞的清除、受精、植物种子萌发中均具有重要功能。

一、实验目的

(1)掌握细胞内溶酶体的显示方法与技术。
(2)了解溶酶体在化学组成上的特点。

二、实验原理

溶酶体由单层膜包围,内含多种酸性水解酶,最适 pH 值为 3～6,能催化分解多种重要的生物大分子,如蛋白质、核酸、脂类及多糖等,以细胞内消化为主。溶酶体形态近于球形,大小不一,其直径在 0.05 μm 到几微米之间变动。在暗视野显微镜下和线粒体一样,成明亮的小颗粒,遍布胞质中。

观察溶酶体形态用电子显微镜,同时用细胞化学染色法显示其标志酶——酸性磷酸酶以助识别。光学显微镜仅能看到酸性磷酸酶与底物反应后形成的棕黑色沉淀,借以指示溶酶体的分布。本实验介绍改良的 Gomori 硝酸铅法,底物(β-甘油磷酸钠被酸性磷酸酶(最适 pH 值为 4.5～5.5)水解后,释放出磷酸根,与铅盐结合成无色的磷酸铅,再与硫化铵反应生成棕黑色硫化铅沉淀。发生颜色反应的位置即是酸性磷酸酶所在。

$$甘油-H_3PO_4 \xrightarrow{磷酸酶} 甘油 + H_3PO_4$$
$$2H_3PO_4 + 3Pb(NO_3)_2 \longrightarrow Pb_3(PO_4)_2 + 6HNO_3$$
$$Pb_3(PO_4)_2 + 3H_2S \longrightarrow 3PbS(棕黑色) + 2H_3PO_4$$

三、实验用品

1. 材料

小鼠腹腔巨噬细胞。

2. 试剂

(1)4℃冷丙酮。

(2)2‰醋酸水溶液。

(3)1‰硫化铵水溶液(现配)。

(4)0.1‰中性红-生理盐水溶液。

(5)酸性磷酸酶作用液：

0.2 mol/L 醋酸缓冲液(pH＝5.0)	12 mL
5‰硝酸铅	2 mL
3.2％ β-甘油磷酸钠	4 mL
蒸馏水	74 mL

配制时必须缓慢加药,依次溶解,否则将出现沉淀。

(6)0.2 mol/L 醋酸缓冲液配制方法：

0.2 mol/L 醋酸钠	7 mL
0.2 mol/L 醋酸	3 mL

3. 器材

冰箱,温箱,水浴锅,内有湿纱布的小铝盒,显微镜。

四、实验方法

(1)盖玻片上培养的细泡,或者用细胞悬液在4℃预冷的载玻片上涂片,立即入冷丙酮(4℃)固定15～30分钟。蒸馏水洗净固定液,空气干燥或用滤纸吸干。

(2)入酸性磷酸酶作用液,37℃处理30分钟至2小时。

(3)用2‰醋酸水溶液略洗,蒸馏水洗。

(4)入1‰硫化铵溶液1～2分钟。

(5)充分水洗,用0.1‰中性红复染细泡核与细胞质,染5～10分钟。

(6)水洗,甘油-明胶封片。亦可过70％,90％,100％乙醇脱水,二甲苯透明,树胶封固。

(7)设对照片:细胞样品放湿盒,在50℃水浴中处理30分钟,使酶失活,其余操作步骤同(1)～(6)。

注意事项：

(1)实验细胞取材最好用巨噬细胞，它的溶酶体较多且大。

小鼠腹腔巨噬细胞制备法如下：葡萄糖肉汤培养基(蛋白胨 10 g，酵母浸膏 1~2 g，葡萄糖 10 g，氯化钠 8.5~9 g，0.5% 酚红 50 mL，蒸馏水 1 000 mL，pH 值为 7.6，121℃ 20 分钟高压灭菌)，无菌操作下注入小鼠腹腔，每日 1 mL，连续注射两天。取巨噬细胞时先向腹腔注射生理盐水 1 mL，2~3 分钟后从同一部位抽取腹腔液即可。若有条件，用细胞培养液注射小鼠腹腔亦可，连续注射 3 天，其余同上。

如果用组织切片，则可取肝、肾或前列腺的组织小块，经 4℃ 的 10% 甲醛-氯化钙溶液固定 24 小时，作冰冻切片。或者先将组织直接作冰冻切片，再用 4℃ 的 10% 甲醛—氯化钙液或丙酮固定 15~30 分钟，丙酮的固定效果更佳。

(2)固定后，样品上残留的固定液务必洗净，尽量吸干水分，否则酶解反应不足，结果不明显。

(3)细胞长时间与磷酸酶作用液孵育，酶和产物会扩散，造成结果不够准确。

五、实验结果

在 40× 光学显微镜下，细胞质和核为淡红色，胞质中有若干形态多样的棕黑色颗粒和斑块，即为处于不同消化阶段的溶酶体。对照片呈现阴性反应。

六、作业

(1)绘图表示细胞内溶酶体的形态及分布情况。

(2)根据你的实际操作，总结本实验操作中的注意事项。

七、思考题

(1)本实验为什么选用巨噬细胞作为实验材料？它有什么特点？

(2)酸性磷酸酶、硫化铵、硝酸铅、β-甘油磷酸钠在显示溶酶体时具有什么作用？

实验十二　线粒体和液泡系的超活染色与观察

活体染色是指对生活有机体的细胞或组织能着色但又无毒害的一种染色方法。它的目的是显示生活细胞内的某些结构，而不影响细胞的生命活动和产生任何物理、化学变化以致引起细胞的死亡。活染技术可用来研究生活状态下的细胞形态结构和生理、病理状态。

根据所用染色剂的性质和染色方法的不同，通常把活体染色分为体内活染与体外活染两类。体内活染是以胶体状的染料溶液注入动、植物体内，染料的胶粒固定、堆积在细胞内某些特殊结构里，达到易于识别的目的。体外活染又称超活染色，它是由活的动、植物分离出部分细胞或组织小块，以染料溶液浸染，染料被选择固定在活细胞的某种结构上而显色。活体染料之所以能固定、堆积在细胞内某些特殊的部分，主要是染料的"电化学"特性起重要作用。碱性染料的胶粒表面带阳离子，酸性染料的胶粒表面带有阴离子，而被染的部分本身也是具有阴离子或阳离子，这样，它们彼此之间就发生了吸引作用。但不是任何染料皆可以作为活体染色剂之用，应选择那些对细胞无毒性或毒性极小的染料，而且总是要配成稀淡的溶液来使用。一般是以碱性染料最为适用，可能因为它具有溶解在类脂质（如卵磷脂、胆固醇等）的特性，易于被细胞吸收。詹纳斯绿 B(Janus green B)和中性红(neutral red)两种碱性染料是活体染色剂中最重要的染料，对于线粒体和液泡系的染色各有专一性。

一、实验目的

(1)观察动、植物活细胞内线粒体、液泡系的形态、数量与分布。
(2)学习一些细胞器的超活染色技术。

二、实验原理

线粒体是细胞进行呼吸作用的场所，其形态和数量随不同物种、不同组织器官和不同的生理状态而发生变化。詹纳斯绿 B 是毒性较小的碱性染料，可专一性地对线粒体进行超活染色，这是由于线粒体内的细胞色素氧化酶系的作用，使染料始终保持氧化状态（即有色状态），呈蓝绿色；而线粒体周围的细胞质中，这些染料被还原为无色的色基（即无色状态）。

中性红为弱碱性染料,对液泡系(即高尔基体)的染色有专一性,只将活细胞中的液泡系染成红色,细胞核与细胞质完全不着色,这可能是与液泡中某些蛋白质有关。

三、实验用品

1. 材料

人口腔上皮细胞、小麦种子或黄豆幼根根尖。

2. 试剂

(1)Ringer 溶液:

氯化钠	0.85 g (变温动物用 0.65 g)
氯化钾	0.25 g
氯化钾	0.25 g
氯化钙	0.03 g
蒸馏水	100 mL

(2)1%,1/3 000 中性红溶液:称取 0.5 g 中性红溶于 50 mL Ringer 液,稍加热(30℃~40℃)使之很快溶解,用滤纸过滤,装入棕色瓶于暗处保存,否则易氧化沉淀,失去染色能力。临用前,取已配制的 1%中性红原液 1 mL,加入 29 mL Ringer 溶液混匀,即为 1/3 000 工作液,装入棕色瓶备用。

(3)1%,1/5 000 詹纳斯绿 B 溶液:称取 50mg 詹纳斯绿 B 溶于 5 mL Ringer 溶液中,稍加微热(30℃~40℃),使之溶解,用滤纸过滤后,即为 1%原液。取 1%原液 1 mL 加入 49 mL Ringer 溶液,即成 1/5 000 工作液装入瓶中备用。最好现用现配,以保持它的充分氧化能力。

3. 器材

显微镜、恒温水浴锅、解剖盘、剪刀、镊子、双面刀片、载玻片、凹面载玻片、盖玻片、表面皿、吸管、牙签、吸水纸。

四、实验方法

1. 人口腔黏膜上皮细胞线粒体的超活染色与观察

(1)取清洁载玻片放在 37℃恒温水浴锅的金属板上,滴 2 滴 1/5 000 詹纳斯绿 B 染液。

(2)实验者用牙签宽头在自己口腔颊黏膜处稍用力刮取上皮细胞,将刮下的黏液状物放入载玻片的染液滴中,染色 10~15 分钟(注意不可使染液干燥,必要时可再加滴染液),盖上盖玻片,用吸水纸吸去四周溢出的染液,置显微镜下观察。

2. 植物细胞液泡系的超活染色与观察

(1)实验前,把小麦种子或黄豆培养在培养皿内潮湿的滤纸上,使其发芽,胚根伸长到1 cm以上。

(2)用双面刀片把初生的小麦或黄豆幼苗根尖(1~2 cm长)小心切一纵切面,放入载玻片中内的1/3 000中性红染液滴中,染色5~10分钟。

(3)吸去染液,滴一滴Ringer液,盖上盖玻片,并用镊子轻轻地下压盖玻片,使根尖压扁,利于观察。

(4)进行镜检。

五、实验结果

(1)在低倍镜下,选择平展的口腔上皮细胞,换高倍镜或油镜进行观察。可见扁平状上皮细胞的核周围胞质中,分布着一些被染成蓝绿色的颗粒状或短棒状的结构,即是线粒体。

(2)在高倍镜下,先观察根尖部分的生长点的细胞,可见细胞质中散在很多大小不等的染成玫瑰红色的球形小泡,这是初生的幼小液泡。然后,由生长点向延长区观察,在一些已分化长大的细胞内,液泡的染色较浅,体积增大,数目变少。在成熟区细胞中,一般只有一个淡红色的巨大液泡,占据细胞的绝大部分,将细胞核挤到细胞一侧贴近细胞壁处。

六、作业

(1)绘口腔上皮细胞示线粒体的形态与分布。
(2)绘实验所用植物材料的根尖细胞,示液泡系的形态与分布。

七、思考题

(1)用一种活体染色剂对细胞进行超活染色,为什么不能同时观察到线粒体、液泡系等多种细胞器?

(2)小麦或黄豆根尖经中性红超活染色,为什么看到生长点的细胞中液泡多,而且染色深,延长区细胞中液泡数量变少,染色浅?

(3)高等动物和高等植物细胞中的液泡系(高尔基体)分布上有何不同?

实验十三 联会复合体的染色与观察

联会复合体(synaptonemal complex，SC)最早由 Moses(1956)在研究蜥蚰精母细胞减数分裂前期的超微结构时发现,1977 年他又证明使用光镜可以观察联会复合体。其后发展了许多适用于光镜观察用的 SC 染色法。利用光镜显示联会复合体的技术,不仅对于联会复合体的结构和功能的研究有用,而且在临床细胞遗传学中对染色体异常、遗传性疾病的病因和病理研究,以及环境诱变剂的检测等均不失为一种新的有效研究手段。

一、实验目的

(1)学习光镜下显示联会复合体的实验技术。
(2)观察光镜下联会复合体的形态结构。

二、实验原理

联会复合体是减数分裂前期同源染色体配对形成的非永久性核内特殊结构,典型的联会复合体由三股平行的线状结构组成,即两条平行侧线和一条纤细的中央轴组成。一般开始于偶线期,成熟于粗线期,消失于双线期。它与减数分裂三个重要环节——同源染色体联会、交换以及分离有着密切关系。大量工作表明,联会复合体在真核生物的减数分裂过程中是普遍存在的。

三、实验用品

1. 材料

雄性小白鼠。

2. 试剂(所用试剂均为 AR(分析纯)级)

(1)0.7%柠檬酸钠(柠檬酸三钠)溶液。
(2)3%中性福尔马林(甲醛溶液):甲醛 8.3 mL,醋酸钠 1.1 g,加蒸馏水 91.7 mL。
(3)50%硝酸银溶液。
(4)明胶显影液:称取 2 g 明胶(gelatin)粉末溶解于 99 mL 蒸馏水中,加

1 mL甲酸。

(5)甲醇-冰醋酸(3∶1)固定液。

3. 器材

离心机,显微镜,水浴,培养皿,镊子,剪刀,吸管,烧杯,量筒,离心管(10 mL),酒精灯。

四、实验方法

(1)脱颈处死动物,取出睾丸,放入盛有 2 mL 0.7%柠檬酸钠的培养皿中。

(2)剪开白膜,用解剖针和小弯镊夹出曲细精管并剪碎,用吸管轻轻吹打,使曲细精管内容物释放出。

(3)取细胞悬液 1 mL 移至刻度离心管中,加 8 mL 0.7%柠檬酸钠溶液制成细胞悬液,室温下低渗 45~60 分钟。

(4)在低渗终止前 10 分钟,加 3%中性甲醛溶液 0.3 mL,使其最终浓度为 0.1%,混匀。

(5)常规离心(1 000 r/min,8 分钟),弃上清液。

(6)甲醇和冰醋酸(3∶1)混合液固定,空气干燥法制片。制片的关键是长时间的低渗液处理和添加福尔马林溶液。

(7)银染:

a. 在培养皿底部放一用少量蒸馏水润湿的滤纸,上放两根小玻棒(或竹竿),置 80℃水浴内保温。

b. 玻片标本细胞面朝上平放其上,加 4 滴 50%硝酸银溶液和两滴明胶显影液,复以盖玻片(或擦镜纸),直到玻片标本呈金褐色为止,一般为 3~4 分钟。

c. 移除盖玻片,并用蒸馏水快速漂洗,晾干。

d. 观察或摄影,分析。

五、实验结果

银染后的联会复合体呈金黄或黄褐色,两条同源染色体联会较紧,但端部仍可见联会复合体结构的双股性。可见 Y 染色体的大部分和 X 染色体的一部分局部配对,形成短而清晰的联会复合体。

六、作业

(1)总结出利用银染法显示联会复合体的实验原理。

(2)绘制光镜下联会复合体的形态模式图。

七、思考题

(1)联会复合体有何生物学意义?
(2)联会复合体的应用价值是什么?

实验十四　染色体核仁组织区的银染色法

核仁组织区(nucleolar organizing regions，NORs)是指参与形成核仁时的染色质区，核仁从核仁组织区部位产生，同时与该区紧密相连。核仁组织区定位在核仁染色体次缢痕部位。对人来说，在13,14,15,21,22对染色体上存在核仁组织区。

一、实验目的

掌握核仁组织区的银染色技术，了解这项技术的原理及其重要意义。

二、实验原理

Goodpasture(1976)等应用称为 Ag-As 的银染色技术，使 9 种哺乳动物的核仁组织区(NORs)特异的染为黑色。这种银染色阳性的 NORs，称为 Ag-NORs，与 Hsu 等人用原位分子杂交得到的结果比较，证明 Ag-NORs 也就是 18S+28S 核糖体基因(rDNA)的分布区。不少工作表明，银染色的不是核糖体基因的本身，而是与 rDNA 转录有关的酸性蛋白(据研究这种被银染色的蛋白组成较为复杂，其中包含 C23, PP135 等不同的蛋白组分，还可能包括 RNA 聚合酶Ⅰ中的部分亚基)。因此，银染色的是有转录活性的 NORs，一般 NORs 位于次缢痕的位置。不同物种 Ag-NORs 的位置和数目均不同，家畜、家禽等动物同一种动物的不同品种 Ag-NORs 出现的频率亦存在多态性。因此，常用这种方法研究物种进化、亲缘关系，亦有人用做肿瘤、理化因子损伤等的研究。目前有多种 NORs 银染色方法，被大家认为方法简便，效果稳定者为 Howell 和 Black(1980)方法。

三、实验用品

1. 材料

人或其他动物的染色体制片。

2. 试剂(所用试剂应为 AR 级)

(1)50%硝酸银溶液：5 g 硝酸银溶解在 10 mL 蒸馏水中，过滤(不过滤亦可),保存在用铝箔包裹的玻璃容器内,可稳定的保存1年。

(2)明胶显影液:称取2 g 明胶(gelatin)粉末溶解于99 mL 蒸馏水中,加1 mL甲酸(formylic acid)。

(3)0.067 mol/L 磷酸缓冲液(pH=6.8)和Giemsa 原液的配制同实验二十二"染色体的标本制作及其组型实验"。

(4)2% Giemsa 磷酸缓冲液。

3. 器材

显微镜,水浴(或电热板),培养皿(16 cm),载玻片,盖玻片,擦镜纸,试剂瓶,镊子,吸管,竹签等。

四、实验方法

(1)在培养皿底部放一用蒸馏水润湿的滤纸,上放两根竹签(或细玻棒),置水浴内保温至 60℃～65℃(此过程可不放在水浴内,直接将标本放在热至60℃～65℃的电热板上亦可)。

(2)玻片标本细胞面朝上平放其上,加4滴50%硝酸银溶液和两滴明胶显影液,覆以盖玻片(或擦镜纸),直到玻片标本呈现金褐色为止,一般为3～4分钟。

(3)移除擦镜纸或盖玻片,并用蒸馏水快速漂洗数秒,晾干。

(4)显微镜观察、分析。

a. 被银染色的玻片标本,根据染色深浅可用2%Giemsa 磷酸缓冲液(pH=6.8)复染1～3分钟,以便观察和摄影。

b. 新鲜制片比片龄长的效果更好。

c. 吸50%硝酸银的吸管最好与吸明胶显影液的吸管一样粗细。

五、实验结果

在显微镜下,染色体被染成金黄色,而核仁组织区(NORs)则被染成深黑色。

六、作业

(1)统计20个细胞的Ag-NORs,计算每个细胞的Ag-NORs,统计出 Ag-NORs 数目的变化范围。

(2)在油镜下绘制中期分裂相图,注明Ag-NORs的位置。

七、思考题

(1)核仁组织区与核仁形成、核糖体产生的关系是什么?

(2)人类 18S rRNA 和 28S rRNA 基因位于 D 和 G 组的近端部着丝粒染色体短臂的随体柄处,Ag-NORs 应该显示 10 个,但一般只显示 5~9 个,为什么?

实验十五　培养细胞的细胞骨架免疫荧光染色与观察

细胞骨架是遍布于一切真核细胞中的由微管和纤丝构成的骨架系统,在形态结构的维持、各种细胞器和生物大分子等精确定位及其迁移方面具有重要的生物学功能。细胞骨架在通常情况下不稳定,低温、高压、锇酸处理等都会使之失去原有形态。构成细胞骨架的微管和纤丝非常纤细,直径最大的微管也只有25 nm左右,只有在电镜下才能直接观察到。若要在光镜下观察到微管和纤丝,必须要采用特定的染色方法才能实现。目前,对细胞骨架的显示方法除各种电镜技术外,还有组织化学染色方法、免疫荧光染色技术和荧光蛋白标记技术等,这些技术应用甚为普遍。

一、实验目的

(1)掌握免疫荧光染色的基本原理和步骤。
(2)对细胞骨架在细胞内的形态和分布有直观认识。

二、实验原理

免疫荧光染色技术在分析有机体、细胞及亚细胞水平上特定分子的定位及相互联系时是一个有力的工具,在细胞生物学研究中有着广泛的应用。它利用了抗原与抗体之间特异性结合的性质,即某种抗体仅能与刺激其产生的抗原物质结合,故当发生抗原抗体反应时,可用已知抗体去追踪和鉴定未知的抗原。一般而言,发生在固定组织或细胞内的抗原抗体反应是不可见的,但如将荧光素标记在抗体分子上,就能凭借荧光显微镜,视荧光现象在某一部位的有无,来判断是否发生了特异的抗原抗体反应及研究抗原物质的定位。

荧光抗体技术的染色方法有直接法和间接法,直接法是指抗原与带有荧光素的抗体(一抗)直接结合,从而显示抗原在细胞内的定位。而间接法中抗原先与第一抗体发生特异结合,然后用荧光素标记的第二抗体(二抗)来识别一抗/抗原复合物,从而间接显示抗原在胞内的分布。本实验采用间接法(即间接免疫荧光法)显示培养细胞中微管的存在和分布。

三、实验用品

1. 材料

体外培养的 HeLa 细胞。

2. 试剂

(1)甲醇、丙酮、牛血清白蛋白(BSA)、3.7%甲醛、第一抗体(抗微管抗体)、第二抗体(异硫氰酸荧光素标的抗球蛋白抗体)。

(2)PBS 缓冲盐溶液:在 800 mL 蒸馏水中融解 8 g NaCl,0.2 g KCl,1.44 g Na_2HPO_4 和 0.24 g KH_2PO_4。用盐酸调 pH 至 7.2,加水定容至 1 L。

(3)10% Triton X-100:吸取 10 mL Triton X-100,再加入 90 mL 蒸馏水,充分混合均匀。

(4)10% 吐温 20:吸取 10 mL 吐温 20,再加入 90 mL 蒸馏水,充分混合均匀。

(5)50% 甘油-PBS 溶液:取 50 mL 甘油,加入 50 mL PBS 缓冲液,充分混合均匀。

3. 器材

荧光显微镜,恒温箱,染色缸,移液器,吸管,镊子,培养皿,滤纸,载玻片,盖玻片。

四、实验方法

(1)在 HeLa 细胞进行传代培养时,将消毒的盖玻片条放入 24 孔培养板中,培养 48 小时后细胞密度为 70%~80% 时,可取出盖玻片进行染色。

(2)将长有细胞的盖玻片放入盛有 PBS 缓冲盐溶液的小染色缸中漂洗,以洗去培养液,然后用滤纸吸去盖玻片周缘多余的 PBS 缓冲盐溶液。

(3)将盖玻片移入盛有含 3.7% 甲醛的 PBS 缓冲盐溶液的小染色缸中固定 10 分钟。

(4)取出盖玻片,用 PBS 缓冲盐溶液洗 3 次,每次 10 分钟。

(5)取出盖玻片,吸去多余 PBS 缓冲盐溶液。用 0.5% 的 Triton X-100 透化处理 10 分钟。

(6)取出盖玻片,用 PBS 缓冲盐溶液洗 3 次,每次 10 分钟。

(7)在含有 10%BSA 的 PBS 缓冲盐溶液里室温温育盖玻片 10 分钟(BSA 是用来封闭非特异性蛋白结合位点的)。

(8)将盖玻片有细胞的一面向上,水平地放入湿盒中,用移液器滴加 10 μL

稀释好的第一抗体液(一般稀释比例为 1∶100 或 1∶200)在细胞面上,盖好湿盒,平稳地放入 37℃温箱中温育 30 分钟(用免疫前血清或用产生一抗的动物种属的正常免疫球蛋白代替一抗作为对照)。

(9)取出盖玻片,用滤纸吸干第一抗体液,放入盛有含 0.1% 吐温 20 的 PBS 缓冲盐溶液的小染色缸中室温洗 3 次,每次 10 分钟,以洗去未结合的抗体。

(10)滤纸吸去残留的 PBS 缓冲盐溶液,再次放入湿盒,加稀释好的第二抗体 10 μL(一般稀释比例为 1∶100 或 1∶200;第二抗体的孵育及清洗过程中注意避光),在 37℃温箱中温育 30 分钟。

(11)滤纸吸干第二抗体液,用含 0.1% 吐温 20 的 PBS 缓冲盐溶液室温漂洗 3 次,每次 10 分钟。

(12)滴一滴 50% 甘油-PBS 混合液于载玻片上,将盖玻片有细胞的一面向下进行封片,防止产生气泡。

(13)将制好的片子放在荧光显微镜下观察。

五、实验结果

在荧光显微镜下可见丝状的网络结构遍布整个细胞,网络结构的形态决定着细胞的形状。微管纤维之间有交叉,而微管纤维的走向大致与细胞的长轴相一致。

六、作业

绘图说明 HeLa 细胞中微管骨架的形态和分布。

七、思考题

(1)实验过程中所使用的一抗和二抗的浓度如果过高或者过低会出现什么样的实验结果?

(2)请设计实验用免疫荧光染色的方法显示 HeLa 细胞中的微丝、微管和细胞核。

实验十六　显微放射自显影技术

放射性同位素发射出的各种射线能使核子乳胶、照相底板和 X-胶片等中的溴化银晶体还原(感光),再经显影和定影处理,即可根据感光银颗粒所在部位和数量分析出标本中的放射性示踪物质的定位和定量分布。这种利用放射性物质使核子乳胶、照相底板和 X-胶片膜等产生该物质自身影像的技术,称为放射自显影术(autoradiography)。如果设法把组织中的某种化合物标记上放射性同位素,那么组织切片被涂上乳胶后,经一定时间的放射性曝光,组织中的放射性即可使正上方的乳胶感光。然后经过显影、定影处理,切片即可显现出被还原的黑色银颗粒,颗粒的位置基本上与放射性同位素标记物质的位置相吻合。必要时,放射自显影的切片还可用染料染色,这样便可在显微镜下对标记上放射性的化合物进行定位或相对定量测定。这种技术与电镜技术结合,也可进行电镜自显影。

一、实验目的

(1)熟悉并掌握放射自显影的原理及其实验操作方法。
(2)能利用放射自显影技术来设计探测细胞组分的实验操作。

二、实验原理

组成 DNA 的特异性碱基是胸腺嘧啶(T),利用 ^{3}H-胸腺嘧啶核苷(TdR)作为 DNA 的前体物对实验材料进行标记,如注射到生物体内或加入到细胞培养物中,被标记物质即可参与到 DNA 的合成中,因此便能示踪出 DNA 的分布及其动态变化。

放射自显影的主要程序是:被标记的放射性化合物对标本的处理(整体注射、离体培养或营养培养等)、生物标本的制备(组织切片,微生物或动物细胞的涂片及超薄切片等)、乳胶膜的制备、曝光、显影、定影、染色、封片及进行自显影图像分析。

三、实验用品

1. 材料

小白鼠的小肠和精巢。

2. 试剂

(1)固定液：

a. Carnoy 液：纯酒精：冰醋酸：氯仿 = 6：1：3(体积比)。

b. Bouin 液：苦味酸饱和水溶液：福尔马林：冰醋酸=15：5：1(临用前配制)。

注意：在选择固定液时，不能选用含氧化剂的或还原剂的，更不能选用含金属的固定液(如 Zenker 液)。因为金属固定液会引起人为的本底增高，影响被标记物质的分辨率。

(2)染色液：

a. Fhrich 酸性苏木紫：

苏木素(Hematoxlin)	2 g
95%酒精	100 mL
蒸馏水	100 mL
甘油	100 mL
钾明矾(或铵矾)	3 g
冰醋酸	10 mL

b. 曙红 Y(Eosin Y)溶液：将曙红 Y 0.4 g 溶于 100 mL 95%酒精中。

(3)核Ⅳ乳胶溶液(在暗室内配制)：

核Ⅳ乳胶	10 mL
6-甘醇	0.96 mL
2% 硫酸铬钾($KCrSO_4$)	0.48 mL

先在 38℃水浴中将乳胶溶化，搅匀后再加入 6-甘醇及硫酸铬钾(又名铬矾)，并充分搅匀。将上述配好的溶液，在恒温条件下加入等量蒸馏水(即可按1：1)配制，搅拌均匀后，即可使用。

(4)明胶层：

蒸馏水	90 mL
明胶	0.2 mL
铬矾	2.5 mL

在 37℃～40℃温浴中配制。

(5)显影液：

a. ID-19b 液配方(用于 X-光胶片及核Ⅳ型乳胶)：

蒸馏水(温浴至 50℃)	700 mL
米吐尔	2 g
无水亚硫酸钠	75 g
对苯二酚	3 g
溴化钾	37.5 g
蒸馏水	至 1 000 mL

上述药品应按顺序加入,待前一种药品完全溶解后再加后一种。配好后放在冷处保存,用时再用蒸馏水稀释 4 倍。

b. Ameder 显影液配方(用于显微自显影)：

蒸馏水	900 mL
阿米得尔(无水)	3 g
无水亚硫酸钠	10 g
柠檬酸	0.5 g
蒸馏水	至 1 000 mL

配制步骤与 ID-19b 显影液相同,其作用也极为相似。但它是一种急性显影液。易氧化,不宜保存。

(6)酸性坚膜定影液(用于显微自显影)：

蒸馏水	500 mL
硫代硫酸钠(海波)	200 g

过滤后,即可使用。

(7)30%酸酒精：

30%酒精	100 mL
冰醋酸	5～6 滴

3. 器材

恒温培养箱,恒温水浴,干燥箱,电冰箱,显微镜,切片机,天平,电风扇(或电吹风机);切片及石蜡制片全部用具(略),暗盒,瓷盘,烧杯(50 mL,250 mL 各 1 个),乳胶杯,温度计,1 mL,0.5 mL 吸管各 1 支,玻璃棒,黑纸,硅胶。

四、实验方法

(1)取出生 3 个月左右、体重在 20～25 g 健康的小白鼠,腹腔注射 ^{3}H-胸腺嘧啶核苷作为标记物,注射剂量以每克体重 1 微居里($1\mu Ci/g$)计。

(2)经过 1 小时、2 小时、3 小时分别将动物杀死。取十二指肠、精巢、卵巢、子宫角或其他细胞分裂旺盛的组织进行固定,固定液可选用 Carnoy 液或 Bouin 液,固定时间视组织块的大小而定,可在 3~12 小时之间。

(3) Carnoy 液固定的组织。可直接经过两次 95% 酒精(每次 10~15 分钟)、两次 100% 酒精(第一次 20 分钟,第二次 10 分钟),二甲苯:酒精(1:1)(20 分钟),二甲苯(30~40 分钟)透明,二甲苯:石蜡(1:1)Ⅰ(1~2 小时),二甲苯:石蜡(1:1)Ⅱ(1~2 小时),纯蜡Ⅰ(2 小时),纯蜡Ⅱ(1 小时),最后进行包埋。

如用 Bouin 液固定,应用流水或 70% 酒精将黄色的苦味酸溶液洗掉,再用梯度酒精(30%,50%,70%,85%)每次 2 分钟换至 95% 酒精,再以上述 Carnoy 液的步骤将组织块进行包埋。

(4) 将包埋好的组织进行切片(5 μm)。

(5) 选择完整、理想的切片进行展平、贴片和烘干(24 小时以上)。

(6) 在染色缸内用二甲苯Ⅰ(15~20 分钟)和二甲苯Ⅱ(10 分钟)将石蜡溶洗干净,再经 100% 酒精Ⅰ(15 分钟)和 100% 酒精Ⅱ(10 分钟)将二甲苯洗去,晾干载玻片。

(7) 为了防止乳胶与标本直接接触而发生化学变化以至于影响观察,可在标本上涂一层明胶保护膜,并晾干(12~24 小时)。

(8) 在暗室内配好乳胶溶液并置于 38℃ 温浴中,将贴有标本的载玻片温浴到 37℃~40℃,即可涂制乳胶膜。现介绍两种涂制方法:

a. 乳胶杯法:将已温浴并搅拌均匀的乳胶溶液倒入乳胶杯中(约 10 mL),再把贴有标本的载玻片垂直插入乳胶杯中,上下提动数次,3~4 秒后提出,在乳胶杯边缘滴去多余溶液,并用纱布拭去背面的乳胶液然后倒插在木架上,在暗处于室温下晾干或用风扇微风干燥。

b. 直接滴加法:向标本上直接滴加乳胶液,一般用量为 0.1 mL,用软毛笔迅速将乳胶液涂均匀,或用细玻璃棒牵引乳胶液使之覆盖于标本及载玻片上。并使之继续保持 37℃~40℃ 1 分钟,并保持水平位置,以使乳胶流体均匀敷盖于标本上,在暗处室温下自然干燥。

(9) 将干燥的制片放入暗盒中,为防止潮湿和吸收多余的水分,暗盒内底可放入少量硅胶,暗盒外面用塑料布包好,放在冰箱中曝光 10~14 天。

(10) 待曝光完毕即可在暗室中进行显影、定影处理。

a. 用 ID19b 或 Ameder 显影液,在 19℃ 左右将载玻片乳胶面向上显影 5 分钟,如将原液稀释 4~5 倍,显影时间需 30 分钟左右(显影时间视乳胶膜厚度而定。一般,10 μm 厚时,显影时间为 15 分钟左右;5 μm 厚时,显影 8 分钟左右)。

b. 在染色缸内用蒸馏水漂洗 1 分钟(19℃～21℃)。

c. 在 19℃～21℃用酸性坚膜定影液或 F-5 酸性坚膜定影液定影 5 分钟左右。观察乳胶透明后,再过 2～3 分钟,放在细流自来水中冲洗 1 小时左右,风干。

(11) 染色:可用苏木紫-曙红染色(Hematoxlin Eosin,HE),也可用甲基绿-派罗宁(methyl green-pyronin)或 Giemsa 染料染色。

a. 先在 Ehrlich 酸性苏木紫液中媒染 10～15 分钟,再用细流自来水冲洗 5 分钟,以洗去多余的染液。

b. 用 30% 酸酒精退色 3～4 分钟,至标本变成淡蓝色为止。

注意:在自显影制片中不能用强酸、碱处理,因为这些物质具有强烈的氧化还原作用,会造成银颗粒丢失。

c. 水洗 15～20 分钟,把醋酸洗净。

d. 经过 30%,50%,70%,85% 梯度酒精各 3～5 分钟。

e. 在 95% 酒精伊红溶液中复染 0.5～1 分钟,再置于 95% 酒精中分色,以洗去多余的伊红染料。

f. 经 95% 酒精 2～3 分钟,纯酒精Ⅰ、纯酒精Ⅱ各 2～3 分钟,二甲苯:酒精(1:1)3～5 分钟,纯二甲苯Ⅰ、纯二甲苯Ⅱ各 5～10 分钟。

g. 封片:用中性加拿大树胶封片。

五、实验结果

在光镜(可用油镜)下,可观察到处于正在合成 DNA 的分裂期细胞受到了标记,在染色体上也有细微的银颗粒分布。本实验采用小白鼠的十二指肠和精巢的组织切片,这两种组织的细胞分裂均比较旺盛,因此,在制备的显影制片中,很多细胞中的 DNA 都被标记。

我们知道,细胞周期可分为分裂间期和分裂期,分裂间期又包括 G1 期、S 期和 G2 期。不同种生物其细胞周期的长度也是不同的。

DNA 的合成只发生在 S 期,也只有在这个时期,带有放射性标记的 ^{3}H-TdR 才能以半保留复制的方式被合成到新的 DNA 分子中去,使 DNA 受到标记。在 S 期以外的其他时期,均不进行 DNA 合成,因此 ^{3}H-TdR 不能掺入到 DNA 分子中去,即 DNA 无法被标记。

尽管 RNA 和 DNA 在组分和结构上非常相似,但因本实验中所选用的标记物为 ^{3}H-TdR,且 T 是 DNA 的特有碱基,在 RNA 中没有 T,因此在切片中只有 DNA 才能被标记,RNA 不能被标记。

在显微镜(400×)下,十二指肠标本的小肠腺隐窝底部的一层腺细胞大部分受到标记,而在小肠腺的中、上部及绒毛部分均无标记出现。在小肠壁及其他部位有极少数细胞受到标记,被标记的都是处于S期不同阶段的细胞。实验证明,在小肠腺中、上部及绒毛部分的细胞,它们本身不再具有分裂能力,而靠近小肠腺底部的细胞可不断分裂和增殖,并不断地向上推移,以取代和更新不断衰老和死亡的绒毛细胞。自向动物体内注入 ^{3}H-TdR 开始,如果间隔不同的时间将动物处死,再将制备的显微自显影标本进行镜检分析,即可发现:随着标记时间的延长,小肠腺的中、上部至绒毛的下、中、上部的细胞均会依次受到标记,直至绒毛的顶端细胞。

在显微镜(400×)下,曲细精管最靠边缘的一层精原细胞几乎全部被标记,而且在被标记的细胞核上,它们彼此之间的银颗粒的分布密度十分一致,说明这一横截面上的精原细胞在分裂周期中处于同步阶段。在十二指肠标本中所出现的标记的动力学变化也同样出现在小白鼠精巢的曲细精管中。依次延长标记时间,标记会依次出现在初级精母细胞、次级精母细胞,直至精子中。

处于不同部位横截面的细胞,其分裂是不同步的。因此在精巢的放射自显影制片中,也有很多曲细精管横截面上的精原细胞没有被标记,这是因为自注射标记物至杀死动物的这段时间内,在这些区段曲精细管内的精原细胞的细胞周期不处于S期。

从镜检中还可发现,在曲细精管的不同截面上,被标记的精原细胞中的银颗粒密度是不同的,由于银颗粒的密度可反映出 DNA 复制时所吸收的 ^{3}H-TdR 的量的多少,即吸收的 ^{3}H-TdR 越多,则细胞中的银颗粒密度就越大,反之就越少。而这种差别又与 ^{3}H-TdR 在体内代谢的时间区间与S期的时间区间相互重叠的时间长短有关,重叠的时间越长,被吸收的放射性标记物就越多,反之就越少。

六、作业

(1)系统总结出本实验的实验原理。

(2)根据观察结果,请绘出小鼠十二指肠或小鼠精巢曲细精管横切片上细胞被 ^{3}H-TdR 标记情况的示意图。

(3)在小鼠精巢标本中,有些曲细精管横截面上的精原细胞没有被标记,请解释原因。

(4)计算题:1994年2月我们从北京原子能研究所购置了一个包装的 ^{3}H-TdR(其半衰期为12.5年),其出厂时的放射性强度为100 mCi,请计算出其现在的放射性强度。

七、思考题

(1) 在显微放射自显影中,放射性同位素的用量是由哪些因素决定的?

(2) 在小鼠精巢的曲细精管标本中,为什么有的曲细精管横切片上的精原细胞带有标记,而有的曲细精管横切片上的精原细胞不被标记?

(3) 如果在用 ^{3}H-TdR 标记小鼠后,依次延长标记时间进行放射自显影实验,那么在其十二指肠横切片的小肠腺和小肠绒毛各部位的细胞中会出现什么样的标记结果?

(4) 在放射自显影中,照相底片、X-光胶片和核子乳胶分别适用于什么样的实验材料?为什么?

附 放射性同位素的放射性强度的计算

放射性同位素每时每刻都在放出粒子(如 α-粒子、β-粒子或 γ-粒子),某种放射性同位素的原子经释放出粒子而变成另一种非放射性的稳定原子的现象称为衰变或蜕变。

对于某种放射性同位素,经衰变后其放射性强度或者剩下的放射性元素的原子数,只有它原来总数量的一半时,所经过的时间称为该放射性元素的半衰期,不同的放射性元素其半衰期是不相同的,如 ^{14}C 的半衰期为 5720 年, ^{3}H 为 12.5 年, ^{60}Co 为 5.3 年, ^{35}S 为 87.1 天, ^{32}P 为 14.3 天, ^{131}I 为 8 天等。

放射性同位素自生产出厂后,经过不同的时间,其放射性强度便不相同。放射性强度的单位一般用居里(Ci)、毫居里(mCi)和微居里(μCi)来表示,1Ci=3.7×10^{10} 次核衰变/秒。但我们在使用放射性同位素时,往往需要确定使用的剂量,因此必须要计算其放射性强度。放射性强度的计算可用下面的公式进行

$$N_t = \frac{N_0}{K}$$

式中,

N_t——自出厂到经过 t 时间后的放射性强度;

N_0——出厂时的放射性强度;

K——一常数,可根据 t/T 的比值在一般的放射性同位素手册上查阅到,也可用如下公式计算:

$$K = e^{0.693\frac{t}{T}}$$

式中,

e——自然常数(2.718 28);

t——自出厂起到使用时所经过的时间;

T——该放射性同位素的半衰期,对于一给定的同位素,T 为已知数。

所要使用的某种放射性同位素,在已知了 N_0,t 和 T 后,我们便可根据上面的公式计算出其放射性强度。

第三篇
细胞生理学实验技术

实验十七 巨噬细胞吞噬现象的观察

细胞吞噬作用原来是单细胞动物摄取营养物质的方式,也是原始防御作用。随着动物界的进化,在高等动物中,则发展成为大小两类吞噬细胞(即巨噬细胞和嗜中性粒细胞),专司吞噬作用成为非特异免疫功能的重要组成部分。

一、实验目的

(1)观察小白鼠腹腔巨噬细胞吞噬鸡红细胞的活动,加深理解细胞吞噬作用的过程及其意义。

(2)掌握小鼠腹腔注射给药和脊椎脱臼处死方法。

二、实验原理

巨噬细胞由骨髓干细胞分化生成,然后进入血液到达各组织内,并进一步分化为各种巨噬细胞。当病原微生物或其他异物侵入机体时,能招引巨噬细胞,而巨噬细胞又有趋化性,能响应招引因子的招引,产生活跃的变形运动,主动向病原体和异物移行,在接触到病原体或异物时,即伸出伪足,将之包围并内吞入胞质,形成吞噬泡,继而细胞质中的初级溶酶体与吞噬泡发生融合形成吞噬溶酶体,通过其中水解酶等作用下,将病原体杀死,消化分解,最后将不能消化的残渣排出细胞外。

三、实验用品

1. 材料

(1)小白鼠。

(2)1%鸡红细胞悬液:自健康鸡翼静脉采血或从集市杀鸡处接血 1 mL(防止污染),放入盛有 4 mL Alsever 溶液瓶中,混匀置 4℃冰箱内保存备用(1周内使用)。使用前加入 0.85%生理盐水离心(1 500 r/min,10 分钟)洗涤 2 次,再用生理盐水配成 1%浓度悬液。

2. 试剂

(1)0.85%生理盐水:0.85 g 氯化钠溶于 100 mL 蒸馏水中。

(2) Alsever 溶液：

葡萄糖	2.05 g
柠檬酸钠($Na_3C_6H_5O_7 \cdot 2H_2O$)	0.89 g
柠檬酸($C_6H_6O_7 \cdot H_2O$)	0.059
氯化钠	0.42 g
蒸馏水	100 mL

调 pH 值至 7.2,过滤灭菌或高压灭菌 10 分钟,置 4℃ 冰箱内保存。

(3) 4% 台盼蓝染液：

台盼蓝(trypan blue)染粉	0.4 g
0.85% 生理盐水	100 mL

(4) 6% 淀粉肉汤(含台盼蓝)：

牛肉膏	0.3 g
蛋白胨	1.09
氯化钠	0.59
蒸馏水	100 mL

加热后加入可溶性淀粉 6.0 g 促使其溶解,再煮沸灭菌,置 4℃ 冰箱内保存。用时用水浴融化,加入适量 4% 台盼蓝染液混匀,使其呈蓝色。

3. 器材

显微镜,解剖盘,剪刀,镊子,载玻片,盖玻片,注射器,吸管,吸水纸。

四、实验方法

(1) 在实验前一天,给小白鼠腹腔注射 6% 淀粉肉汤(含台盼蓝) 1 mL(注射时进针不要过深,否则易损害肝脏及血管等,造成小鼠出血致死)。

(2) 实验时,每组取一只注射过淀粉肉汤的小白鼠,腹腔注射 1% 鸡红细胞悬液 1 mL,轻按小白鼠腹部,使悬液分散。

(3) 20 分钟后,用脊椎脱臼法处死小鼠,并将小鼠置于解剖盘中,剪开腹部,把内脏推向一侧,用不装针头的注射器或吸管吸取腹腔液。

(4) 每人取一张干净载玻片,滴一滴腹腔液和一滴 1% 鸡红细胞悬液,盖上盖玻片,置显微镜下观察。

五、实验结果

调节集光器使显微镜视野中光线稍暗些。在高倍镜下,先分辨清鸡红细胞和巨噬细胞。鸡红细胞是一些淡黄色、椭球形、有核的细胞;而数量较多,较大的球形或不规则的细胞,其表面具有许多似刺毛状的小突起(伪足),胞质中含有数量不等的蓝色颗粒(为吞入含台盼蓝的淀粉肉汤形成的吞噬泡),即为巨噬细胞。慢慢移动载玻片标本,仔细观察巨噬细胞吞噬鸡红细胞的过程。可见有的鸡红细胞(1至多个)紧附于巨噬细胞表面;有的巨噬细胞已将1至数个红细胞部分吞入;有的巨噬细胞已吞入1个或几个红细胞,在胞质中刚形成椭球形的吞噬泡;有的巨噬细胞内的吞噬泡体积缩小,并呈球形,这是因为吞噬泡已与初级溶解体发生融合,泡内物正在被消化分解。将自己所观察到的处在不同吞噬阶段的巨噬细胞形态,动态地连贯起来,想一想吞噬作用的全过程。

六、作业

在高倍镜下绘图表示处于不同吞噬阶段(如鸡红细胞附于巨噬细胞表面、部分吞入红细胞、吞入形成吞噬泡和吞噬泡已开始被消化分解等)的巨噬细胞各1个,以显示出吞噬作用的整个过程。

七、思考题

(1)实验前一天,给小白鼠腹腔注射含台盼蓝淀粉肉汤的目的是什么?
(2)巨噬细胞内有哪几种结构对执行复杂的吞噬功能最为重要?

实验十八　腹腔巨噬细胞吞噬功能的检测

在机体的免疫过程中,巨噬细胞(MΦ)承担着噬菌、杀菌、清除机体内损伤和衰老的细胞,以及传递抗原信息的任务;MΦ将捕获的抗原进行加工处理后,把降解的抗原信息传递给 T,B 淋巴细胞。MΦ 又是天然杀伤细胞(NK 细胞)的激活剂,且对 B 淋巴细胞的激活、增殖和分化具有调节作用。

一、实验目的

掌握巨噬细胞(MΦ)体外吞噬异物能力的测定方法,观察机体的非特异性免疫现象。

二、实验原理

巨噬细胞(MΦ)在机体的非特异性免疫中具有重要作用,其吞噬异物的能力在一定程度上反映了机体免疫水平的高低。本实验采用测定小鼠腹腔 MΦ 吞噬鸡红细胞的吞噬百分率和吞噬指数,来评价免疫抑制剂环磷酰胺(CYP)对机体免疫状态的抑制作用。

三、实验用品

1. 材料

(1)小白鼠 6～10 只,随机分为 2 组。

(2)5%鸡红细胞悬液:用已灭菌的注射器,自健康鸡的翼下静脉采血 1 mL,放置于 5 倍体积的 Alsever 溶液中,4℃条件下可保存一周。使用时用灭菌的生理盐水洗涤 3 遍(2 000 r/min,每次 5 分钟),然后用生理盐水配成 5%浓度的溶液。

2. 试剂

(1)Alsever 溶液:

葡萄糖	2.05 g
柠檬酸三钠($Na_3C_6H_5O_7 \cdot 2H_2O$)	0.89 g
氯化钠	0.42 g

溶解后加蒸馏水至 100 mL,用柠檬酸($C_6H_8O_7 \cdot H_2O$)调 pH 值至 7.2,超

滤除菌或 $6.6×10^4$ Pa(10 磅)下灭菌 20 分钟,保存在 4℃冰箱内备用。

(2) Hank 液:

a. 贮存液(药品全部用 AR 试剂):

甲液:①NaCl 8.0 g,$MgSO_4·7H_2O$ 1 g,$MgCl_2·6H_2O$ 1 g,用双蒸馏水定容至 450 mL。②$CaCl_2$ 1.4 g,用双蒸馏水定容至 50 mL。将①和②混合,加氯仿 1 mL。

乙液:$Na_2HPO_4·2H_2O$ 1.52 g,KH_2PO_4 0.6 g,酚红 0.2 g,葡萄糖 10 g,用双蒸馏水定容至 500 mL,加氯仿 1 mL。

b. 应用液:

贮存液甲:贮存液乙:双蒸馏水=1:1:18。$6.6×10^4$ Pa(10 磅)下灭菌 20 分钟。4℃保存可使用 1 个月。临用前,用 3.5% 的 $NaHCO_3$ 调 pH 值至 7.2。

(3) 0.9% 生理盐水(灭菌)。

(4) Giemsa 染液:

a. 贮存液:称取 Giemsa 粉 0.5 g 研细,再将 33 mL 甘油逐滴加入,继续研磨至无颗粒。80℃水浴过夜,然后加入 33 mL 甲醇。置棕色瓶中,于 56℃下放置 24 小时后即可使用。

b. 应用液:临用时取贮存液 1 mL 加 10 mL pH 值为 7.4 的磷酸盐缓冲液,混匀后过滤。

(5) 甲醇。

(6) 肝素钠溶液:用灭菌生理盐水配制。每 20 U 0.1 mL 可抗凝 1 mL 全血。

(7) 0.6% 环磷酰胺溶液:用灭菌生理盐水配制。

3. 器材

保温箱,显微镜,带盖解剖盘,医用剪刀,镊子,刻度离心管及试管架,载玻片,滴管,酒精及碘酒棉球,擦镜纸,称量纸及滤纸。

四、实验方法

(1) 实验前两天,给实验组小鼠腹腔注射 0.6% 的环磷酰胺(每只 0.2 mL),对照组小鼠注射灭菌生理盐水(每只 0.2 mL),然后每只小鼠注射 pH 值为 7.2 的 Hank 液 2 mL。

注意:腹腔注射时进针切忌过深,针头方向最好向后,以免伤其内脏,使血管破损出血,影响实验取材。

(2) 实验当天给小鼠腹腔注射 5% 鸡红细胞 0.5 毫升/只。2~3 小时后采用脱颈法处死小鼠,立即由腹腔注入 1 mL 生理盐水。

(3)轻揉小鼠腹部约 1 分钟,剪开腹部皮肤,在肌肉层上开一小口,将滴管伸入腹腔吸出腹腔液,置于滴有肝素钠的离心管中(同一组小鼠的腹腔液放入同一管中),混匀。

(4)把腹腔液滴加在洁净的载玻片上,每片 0.1~0.2 mL,每组重复作片 3~5 张;将载玻片置于带盖解剖盘中(盘底部放 2~3 片湿纱布),在 37℃ 培养箱中孵育 30 分钟。

(5)取出载玻片,漂洗去上清液和未黏附在载玻片上的细胞。

漂洗标准:在显微镜下检查无重叠细胞层,且水流不要过急以免将贴附在载玻片上的巨噬细胞冲掉。

(6)所制片子于室温下晾干或用吹风机吹干,然后用 Giemsa 染液染色 5~10 分钟,冲洗去多余染液,晾干。

(7)在高倍镜或油镜下观察并计数 100~200 个 MΦ 中有多少个 MΦ 吞噬了鸡红细胞,计数吞噬鸡红细胞的数量。然后按下式计算出每组小鼠腹腔 MΦ 的吞噬百分率和吞噬指数。

$$吞噬百分率 = \frac{吞噬鸡红细胞的 MΦ 数}{MΦ 总数} \times 100\%$$

$$吞噬指数 = \frac{MΦ 吞噬的鸡红细胞总数}{吞噬鸡红细胞的 MΦ 总数}$$

五、实验结果

在显微镜下可以看到单个的巨噬细胞、鸡红细胞、正在吞噬鸡红细胞的巨噬细胞和正在消化鸡红细胞的巨噬细胞。在巨噬细胞中被完全消化的鸡红细胞为空泡状,边缘整齐,胞核隐约可见;正在被巨噬细胞消化的鸡红细胞胞质呈现浅红或浅黄色,胞核固缩,呈淡蓝或浅灰色。

六、作业

根据你的观察和计数,计算巨噬细胞(MΦ)的吞噬百分率和吞噬指数。

七、思考题

(1)制片过程中,为什么要把滴有小鼠腹腔液的载玻片,在润湿条件下置于 37℃ 培养箱中孵育 30 分钟?

(2)简述本实验的关键步骤?

(3)请总结影响巨噬细胞(MΦ)吞噬能力的有关因素。

实验十九　细胞电泳技术

细胞表面具有一定的电荷(通常为负电荷),其表面吸附了一层极薄的水膜,它与介质间存在着电位差,此电位差称为ζ电位。

每种细胞在恒定的条件下(如温度、电压、电流、介质浓度、pH值等)其电泳速度和ζ电位十分稳定,但在各种有害因子、病理状态的影响下,可降低其表面电荷,所以细胞电泳速度和ζ电位值也发生改变(降低)。因此,利用细胞电泳研究生命结构的表面性质,鉴定细胞或单细胞有机体的机能和病理状态具有重要的意义,这是一种十分有用的方法。

一、实验目的

(1)通过哺乳动物红细胞电泳现象的观察和电泳速度的测定实验,掌握细胞电泳技术的实验操作技术。

(2)通过实验理解细胞电泳技术在研究生命结构的表面性质、鉴定细胞或单细胞有机体的机能和病理状态方面的重要作用。

二、实验原理

在外界附加电场作用下产生多相系统相位移效应,称为电动现象,属于此种电动现象的包括电泳和电渗透。

在电场作用下,液体介质中的悬浮近质点与介质间的相对运动,称为电泳。

将细胞制成悬浮溶液,使其单个游离的细胞分散于等渗的介质中,在电场作用下,细胞在电泳室内发生运动,这种现象称为细胞电泳。

三、实验用品

1. 材料

小鼠红细胞和巨噬细胞。

2. 试剂

氯化钠、蔗糖、肝素、纯酒精、液体石蜡。

3. 器材

SD-2型细胞电泳仪,电子自动记时仪,光学显微镜,计算器,网格目镜测微尺,台微尺,细胞电泳架,电泳毛细胞管,采血量管,样品管,1 mL 吸管,5 mL 注射器,50 mL 烧杯,解剖刀,剪刀,镊子。

四、实验方法

(一)准备实验

1. 细胞介质的准备

根据实验要求,可选配以下各种介质:

(1)生理盐水肝素液:在生理盐水中(0.9% NaCl 溶液)按每毫升加入 4~5 U 的肝素,混匀后备用。

(2)8%蔗糖肝素液:在 8%的蔗糖溶液中,加上述(1)含量的肝素,混匀后备用。

(3)50%血清液:用生理盐水将离心后提取的血清配成 50%的介质。因血清中含有抗凝物质,在配制此液时不需要加入肝素。

2. 样品的制备

根据实验对象(如红细胞、白细胞、血小板、巨噬细胞、癌细胞或植物的原生质体、叶绿体等),选择所需介质 1 mL,再用采血量管或微型移液管吸取浓缩细胞 10 mm^3 加入上述介质中,并混匀。如做红细胞电泳,可用采血量管吸取 10 mm^3,加入所选择的介质中,混匀后即可使用。

3. 盐桥的制备

称取 9 g NaCl 加蒸馏水至 100 mL(即 9%的 NaCl 溶液),溶解后加入 0.4 g 琼脂粉加热溶化,在加热时不断用玻璃棒搅动,直至全部溶化,此时将已洗净晾干的塑料管插入溶液内,使管腔内全部被溶液充满,不得留有气栓。

塑料管可切成长 1.3~1.4 cm,如无专用管,亦可用空圆珠笔芯代替,先用碱水煮沸,除去油污,再用清水洗净晾干,使用效果良好。

4. 网格目镜测微尺的校正

在显微镜载物台上安装物镜测微尺(又名台微尺),转动显微镜镜筒的目镜并移动物镜测微尺,调整目镜测微尺网格的纵线与物镜测微尺刻度平行并重合,将网格的一条细线与物镜测微尺的一条细线重合在一起。然后确定被一定数量的目镜测微尺网格刻度数所包含的物镜测微尺的刻度数,根据下式进行计算:

$$X=\frac{na}{m}$$

式中,

X——网格的实验刻度值(mm 或 μm);

a——物镜测微尺的刻度值(通常为 0.01 mm);

n——物镜测微尺的刻度数;

m——网格刻度数。

注意:①对网格目镜测微尺刻度值的校正,应选择在显微镜视野中部进行,因偏边缘具有相差,使测量不准确。②进行校正的放大倍数应足以保证能够进行实验观察,普通 4~8 μm 的细胞可选择放大 400~450 倍的物镜进行校正。

5. 毛细管电泳室静止室(即测量层)的计算

毛细管电泳室是长 6 cm 的管腔,呈正方形(有的为等边三角形)以玻璃制成的毛细管,电泳室的制作工艺比较复杂,在其中相对应的内壁中线处,各刻有一条与内壁长轴一致的平分线,此线是在电泳测量时,观察一定深度的细胞移动的标准。

根据液体力学原理,液体在管腔内流动,因为管壁对液体有吸附作用和摩擦力,其管腔内不同深度的质点运动速度是不一致的,管腔的中心处最快,紧贴管壁处最慢(图 19-1)。

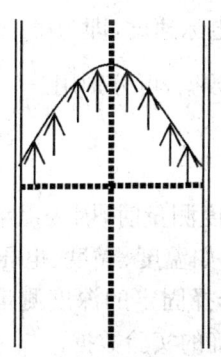

图 19-1　管腔内不同深度质点的运动速度

按图 19-1 所示,处在电泳室管腔内同一截面的带电质点,在电场作用下,按分布的不同深度在单位时间内其运动速度是不一致的,速度与深度的变化,呈抛物线关系。

根据实验测定,管腔内不同部位质点运动的速度与深度间为指数函数关系,见图 19-2,即:

$$f(x)=ax^2$$

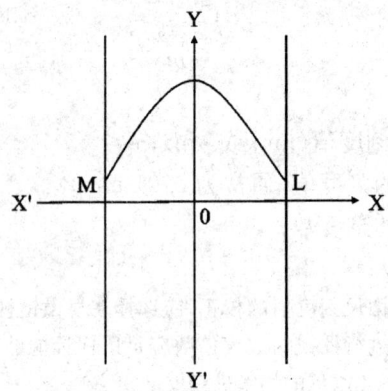

图 19-2 管腔内不同部位质点运动速度与深度间的指数函数关系

式中，

$f(x)$——同截面起始(X轴)在单位时间内质点运动的距离。

a——常数，代表测量深度梯度的等分差数(n)的第一级速度，设两管壁之间的垂直距离 LM 为 d。则从一侧管壁至中心线（Y 轴）的距离 LO 为 $\dfrac{d}{2}$，在测量中将 LO 分为 n 等份，则每份为 $\dfrac{d}{2n}$。在靠近电泳毛细管壁，距离为 $\dfrac{d}{2n}\times 1$ 的深度处，所进行的第一次测量的电泳速度，即为第一级速度，定为常数量 a。

x——各梯度深度的实验数据，可分别用 $\dfrac{d}{2n}\times 1$，$\dfrac{d}{2n}\times 2$，$\dfrac{d}{2n}\times 3$，…$\dfrac{d}{2n}\times n$（即 $\dfrac{d}{2}$）来表示。

从以上可知，在做电泳速度测量时，因为毛细管内不同深度质点的运动速度差别极大，所以在其他因素（如温度、黏度、电压、电泳强度、细胞浓度、pH 值等）相对稳定的条件下，必须选择固定的深度测量，否则，因深度的变化而测定的电泳速度，将不能表示出正确的实验数据。

但是，当电泳通过电泳毛细管小室时，除了发生细胞和介质间的相对运动之外，同时发生介质连同介质中离子与毛细管壁的相对运动（图 19-3a），这种现象称为电渗透，这时阴离子连同介质在管腔的中部向正极方向移动，阳离子连同介质在管腔的边缘向负极方向移动，因此，由于电渗的存在，所测得的数值是电泳和电渗的总和。

图 19-3b 表示在电渗的影响下，电泳细胞在管腔内所呈现的状态，由此可见，电渗能够直接影响测定细胞的真实电泳速率，因为在测量时电泳小室两端

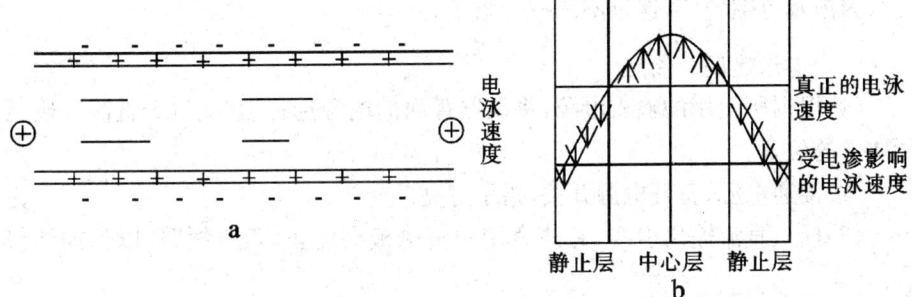

a. 电渗透现象 b. 电渗透对电流的影响
图 19-3 电渗透现象及其对电流的影响示意图

是封闭的,根据流体力学原理,室中的总流量等于零,由于毛细管腔中间的介质与周边介质间存在着向相反方向运动的电渗现象,所以在彼此向相反方向运动着的介质的交界处其移动速度等于零,我们把这一层深度称为"静止层"或"测量深度"(图 19-3b)。在这一层细胞电泳测量,受电渗的影响最小,能够较准确地反映出电泳的速度。

对于不同大小和形状的毛细管电泳室管腔的横截面,其"静止层"深度是不一致的,国产的外方内方毛细管,内径为 800~1 000 μm,其"静止层"深度,经测定为内径深度的 0.1~0.15 比例处。

在实验测量中,要不间断地改变电流方向,测定往返运动着的不同细胞。如果电流方向不变,只测定向某方向移动的细胞,则由于电渗的作用,使质点运动速度加快,以至于造成"环流",此时将不能进行电流速率的测定。

静止层(测量层)的测定:首先测出在划有刻度线的毛细管所对应二壁间的距离 d(即毛细胞管内径),则靠近观察壁划线的 0.1~0.15 深度处,即为静止层或测量层。

其测量方法有两种。

一种是用显微镜的低倍物镜(10×),先把细准焦螺旋的指示箭头对准刻度盘的"0"处,然后慢慢调整粗准焦螺旋把焦面对准靠观察面一侧壁的划线处,这时再旋转细准焦螺旋,使焦面逐渐向管腔内部延伸,直到调到对面壁划线的焦面时(视划线清楚为止),记下细准焦螺旋旋转的圈数和最后不满一整圈的刻度数,则可算出从第一条划线焦面至第二条划线焦面间物镜镜头前伸的距离,即为电泳毛细管管腔的直径 d。

另一种方法是用千分表进行测量。此法较第一种测量数据更为准确。

关于如何具体测量和确定不同类型(主要指管腔横截面)毛细管的"静止

层",因涉及范围较广,这里不一一介绍了。

(二)电泳速度的测定

(1)根据所使用的输入电源,将仪器背面的电源选择钮"交流—直流",拨至所要求的位置。

(2)接通电源,打开电源开关,指示灯亮。

(3)插入直流输出引线,并注意切勿将电极夹的正、负极短路,以免损坏仪表。

(4)将调整开关拨至"工作"档,"换向开关"拨至"正"档,然后调节"电压调节"及"电流调节"两旋钮,使电压为 40 V,电流为 1 mA,此时再将开关拨至"停止"档。

(5)将制备的样品注满毛细管电泳室,其灌注方法如下:

a. 将毛细管斜插入被测样品中,由于毛细作用,则整个管腔内充满了被测液体。

b. 也可利用橡皮头的吸吮作用将样品注满电泳室。

将注满样品的毛细管水平移至电泳架上,并夹紧,然后利用盐桥将毛细管与银电极接通。

(6)将电泳架移至显微镜载物台上,调整焦距,使焦面落在管腔内的 $\frac{d}{10} \sim \frac{d}{15}$ 处。

为了操作迅速,可事先做好空白调试,定出电泳夹和毛细管内壁刻度线的焦距。

(7)通过直流输出引线电极夹,分别与两边电极接通。

(8)测量:

a. 将开关拨至"工作"档,再调节"电压调节"方向旋钮,使电压在 40 V 处,由于电场的作用,在视野中可以观察到管腔中细胞的移动,并记录一个细胞通过网格目镜测微尺(1 或 2 格)的时间。

b. 将开关拨至"停止"档,细胞即停止运动。

c. 将换向开关拨至"负"处,调整开关拨至"工作"档,由于电场方向变更,则细胞向相反方向移动,此时再选择另一细胞,按上述方法,记录下电泳时间。

d. 如此反复进行,测量多次,并分别记录实验数据。

e. 实验结束后,将电压及电流两旋钮回"0"处,调整开关拨至"停止"处,并断开电源。

(9)电泳速度的计算。

根据所测量的目镜测微尺上网格的实际刻度值,计算出每次的电泳距离 S,将所测电泳距离的总和除以所测时间的总和即得出电泳的平度速度,由下面公式表示:

$$\frac{S_1+S_2+S_3+\cdots+S_n}{t_1+t_2+t_3+\cdots+t_n}=\Delta\frac{S}{t}$$

(S 可用 μm 或 mm 表示)

因为 $S_1=S_2=S_3=\cdots=S_n$,所以

$$\sum_{i=1}^{n}S_i=n\cdot S$$

(10)注意事项:

a. 电路接通后要迅速进行测量,以防时间拖长,细胞沉降。

b. 每两次测量之间记录前两次数据时,应断开电路,即从"工作"档拨至"停止"档。

c. 上机测量时,电泳毛细管两端应调至水平位置。

d. 电极夹—电极—盐桥—毛细电泳室间都要接触紧密,盐桥及毛细电泳室的腔内不得造成气栓,以免产生断路。

e. 每次实验结束后,应清洗电极和毛细电泳室,干燥后放入小盒内。

(三)巨噬细胞 ζ 电位的测定

1. 巨噬细胞样品的制备

称取体重为 25~30 g 的小白鼠,注射液体石蜡约 0.5 mL,七八天后抽心血杀死,用 100 mL Hanxs Fluid(汉克氏液)分 3 次洗出腹腔细胞,一般用剖腹冲洗效果较好,采用注入抽吸法也可,但收取细胞量较少。然后 1 200 r/min 离心 8 分钟,弃上清液,再用同样条件离心清洗两次,最后一次沉降的细胞以 0.9% 的生理盐水或 8% 的蔗糖溶液稀释至每立方毫米含 2 万~3 万个细胞。

2. 测量方法

测量方法按本实验"实验方法(二)",并求出巨噬细胞电泳运动速度 $\frac{s}{t}$。

3. ζ 电位的计算

被测质点(巨噬细胞)的运动速度与电场电位梯度的关系称为质点的迁移率($\overline{\omega}$),其公式为:

$$\overline{\omega}=\frac{S}{tE} \tag{1}$$

式中,

$\bar{\omega}$——迁移率；
S——质点在 t 时间内走过的路程(cm)；
t——时间(s)；
E——电位梯度，即导体单位长度的电压降或称为电场强度。

因为：

$$E=\frac{V}{r} \tag{2}$$

式中，

V——电压(V)；
r——两电极间的距离(cm 表示)，实际上也是毛细管电泳室的长度(一般为 6 cm)；

已知电位梯度(E)和质点运动速度 $\omega=\frac{s}{t}$，则可用下式计算 ζ 电位。

$$\zeta=\frac{4\pi\eta\omega}{DE} \tag{3}$$

式中，

η——介质黏度，在 20℃的水溶液的 η 值为 0.001Pa·s；
D——介电常数，水的介电常数等于 81。

将(2)式代入(3)式

则

$$\zeta=\frac{4\pi\eta\omega r}{DV} \tag{4}$$

式中，

ω——速度(cm/s)；
r——距离(cm)；
V——电压(g·cm/s)。

已知 1V 等于绝对静电单位的 1/300，因此，以 V 表示电位，必须在公式右边乘以 300，即

$$\zeta=\frac{4\pi\eta\omega r 300}{DV} \tag{5}$$

因为 V 值是以 V 测量，为了在公式(5)中能以 V 表示 V 值，应将电压 V 除以 300，则：

$$\zeta=\frac{4\pi\eta\omega r 300}{D\frac{V}{300}}=\frac{4\pi\eta\omega r 90\,000}{DV} \tag{6}$$

将 η 值以 0.01，D 值以 81 代入(6)式，并以 90 000 乘公式右边，求得 ζ 电位为：

$$\zeta = \frac{4 \times 3.14 \times 0.01 \times 90\,000 \omega r}{81 V} = 140 \omega r / V \tag{7}$$

因为 $\omega = \frac{s}{t}$，$\frac{V}{r} = E$（依式 2）相应代入(7)式，得

$$\zeta = 140 \frac{s}{tE}(V) \tag{8}$$

根据公式(1)把 $\frac{s}{tE}$ 以 $\overline{\omega}$ 代替，则

$$\zeta = 140 \overline{\omega}(V) \tag{9}$$

电压——g·cm/s 制是根据库仑定律 $F = \frac{q^2}{r^2}$ 推导的。

测定某细胞 ζ 电位的举例：

某细胞在电路电压为 50 V，毛细电泳管长 2 cm 下进行电泳实验，已知目镜测微尺网格每格刻度值为 15×10^{-4} cm，细胞经过 10 个网络用时为 5 秒，求 ζ 电位值。

根据(1)式 $\overline{\omega} = \frac{S}{tE}$，先算出迁移率 $\overline{\omega}$ 值，将数值 V, r, t 及 s（等于 15×10^{-4} cm）代入上式，则

$$\overline{\omega} = \frac{150 \times 10^{-4}\,\mathrm{cm} \times 2\,\mathrm{cm}}{5\,\mathrm{s} \times 50\,\mathrm{V}} 1.2 \times 10^{-4}\,\mathrm{cm}^2/(V \cdot s)$$

将求得的 $\overline{\omega}$ 值代入(9)式，得

$$\zeta = 140 \times 1.2 \times 10^{-4} = 16.8(\mathrm{mV})$$

五、实验结果

在电泳场下，红细胞会向着正极的方向泳动，改变电泳场的方向，红细胞会向着与原来相反的方向泳动。在同一给定的电泳场中，大部分红细胞的泳动速率相同，也有少部分红细胞的泳动速率较慢。

六、作业

(1)根据你测定的泳动距离和所需时间，计算出红细胞泳动速度。
(2)计算巨噬细胞的泳动速度和 ζ 电位。

七、思考题

(1) 红细胞泳动速度有快有慢,应如何解释和理解?
(2) 请自己设计一个实验,解决一个实际的科学问题。

附　不同因子对细胞电泳测量的影响

1. 温度

温度对电泳率的影响较大,随着温度的增加,电泳率也增高,有人认为,这是温度对黏度的直接影响,因为随着温度的下降,黏度会增加,电泳速度也下降,反之,随着温度的升高,黏度会减小,电泳速度也上升。关于电泳率与温度变化的曲线,并不是以指数函数关系的抛物线形式或以正比函数关系的直线形式呈现。

我们以 1.45 mol/L 的氯化钠溶液为等渗介质,并加入 4~5 U/mL 的肝素为抗凝剂,以 10 mm³ 全血加 1 mL 的氯化钠等渗介质之比配制电泳样品,对人和家兔的红细胞进行电泳实验,实验温度区间为 3℃~30℃,温度梯度为 1℃,且每升高 1℃,都测量 10 个数据。经多次重复实验,重复性数据较稳定。得出电泳率与温度变化的坐标曲线(图 19-4)。

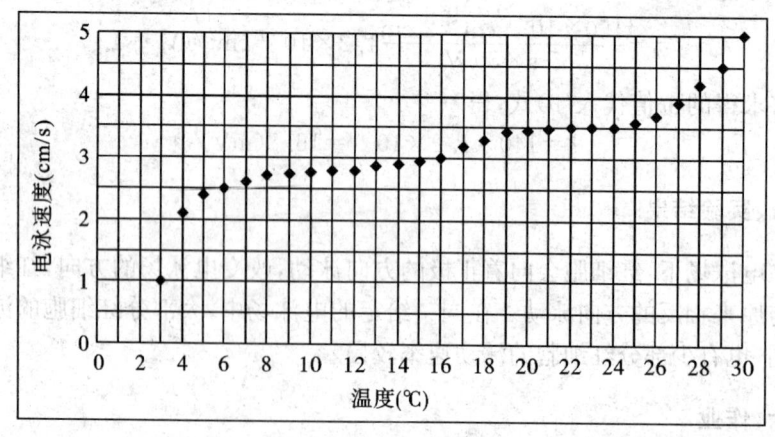

图 19-4　电泳速度与温度变化曲线

从实验可得出:
(1) 电泳率是随着温度的升高而上升。

(2) 所得出的坐标曲线,并不能呈现出上述的两种函数坐标。

(3) 从实验重复数据和坐标曲线可以看出:从 7℃～14℃,18℃～25℃,在这两段温度区间内,随着温度的升高,电泳率变化很小的两段值。从 3℃～7℃,14℃～18℃,随着温度的升高,电泳率增加较快,在 25℃ 以上随着温度的递增,ω 值急增,电泳率变化较小的以上两段值不因温度的波动而对电泳率产生较大的影响,从而可以保证测量数据的相对稳定性和准确性。反之,在值范围之外,则电泳率受温度的变化干扰较大,温度的瞬息变化,都会引起电泳率急速地增高或降低,从而给实验结果带来较大的影响。

在实验中,选用两段值的中间值,即 11℃ 和 21℃,我们认为较合理,而 21℃ 比较接近平均气温和一般室温,即使是用恒温设备也易于控制,所以采用第二段值更为可行。

2. 电压

电泳速度是随着电压的增高而增加,这是由于电压的增高加大了电场强度,处于电场中的带电荷质点的运动速度也随之加快。但是电泳率并不因电压的改变而改变,这是因为电泳率(也叫迁移率)等于电泳速度与电位梯度之比。

$$\overline{\omega} = \frac{\frac{s}{t}}{E} \tag{1}$$

这里,$\overline{\omega}$ 为电泳率,$\frac{s}{t}$ 为电泳速度,E 为电位梯度。

从(1)式可知 $\frac{s}{t}$ 与 E 为正比函数关系。

而

$$E = \frac{V}{t} \tag{2}$$

这里 E(电位梯度)又可理解为单位长度的电压降,V 为电压,r 为毛细管长度。

将(2)式代入(1)式:
即

$$\overline{\omega} = \frac{\frac{s}{t}}{\frac{V}{r}} = \frac{sr}{tV} \tag{3}$$

所以,从(3)式可以看出,当电压(V)增高,电泳速度($\frac{s}{t}$)增大,其电泳率($\overline{\omega}$)是不变的,所以电泳率能标志某细胞在一定介质中的生物学特性。

3. 电流强度

电流强度取决于溶液介质的离子强度和毛细管小室的横截面积的大小，在电泳时，如离子强度增大，则电泳率和ζ电位都增高。

4. 介质

不同的介质对电泳速度和电泳率影响较大，在其他因素相同的条件下，我们用8%蔗糖溶液和1.45 mol/L的NaCl两种介质，分别测得的电泳速度为7.45 μm/s和4.25 μm/s，有人介绍以血清为介质，其电泳速度更慢。

5. 细胞浓度

细胞浓度对电泳率影响不大，但过稀和过稠都会给测量带来困难。各种细胞电泳样品配制的浓度一般以每立方毫米含2万~2.5万个细胞为宜。

实验二十 动物细胞凋亡的双荧光染色与观察

细胞凋亡（apoptosis）是指细胞在一定的生理或病理刺激下，遵循自身的程序而发生的死亡，又称程序性细胞死亡（programmed cell death，PCD）。细胞凋亡的发生是一个相对主动的过程，伴随着一系列细胞形态结构和生理活动上的变化。我们可以通过检测这些变化来判定一个细胞是否发生了凋亡。

一、实验目的

(1) 掌握动物细胞凋亡的形态学检测方法。
(2) 了解动物细胞凋亡的诱导方法和其他检测技术。

二、实验原理

细胞膜通透性状态的不同是区分正常细胞和凋亡细胞的一个重要指标，正常细胞的质膜通透性较小，相对分子质量大的与DNA结合的荧光染料（如溴化乙啶）不能进入细胞内，而相对分子质量小的荧光染料（如吖啶橙）仍能被细胞摄取。凋亡细胞则不同，由于其质膜通透性增大，相对分子质量大的与DNA结合的荧光染料就可以进入细胞内，进而同DNA结合使其着色。

本实验利用吖啶橙和溴化乙啶双染色法来区别正常细胞和凋亡细胞。应用吖啶橙和溴化乙啶二者发射的荧光的不同，在荧光显微镜下可以区分正常细胞和凋亡细胞。如前所述，细胞内DNA出现吖啶橙标记（绿色荧光）而不出现溴化乙啶标记（红色荧光）的为正常细胞，而在细胞内既出现吖啶橙又出现溴化乙啶标记的为凋亡细胞。

能导致细胞凋亡的因素有很多种，过氧化氢就是其中之一。在生物体内，氧化与抗氧化处于平衡状态，正常情况下细胞代谢需要活性氧，低浓度的活性氧能促进细胞增殖。这种平衡一旦被打破，使活性氧产生增多，即可使生物大分子损伤，影响细胞功能，导致细胞凋亡，甚至损伤坏死。本实验用过氧化氢来诱导细胞凋亡的发生。

三、实验用品

1. 材料

HeLa 细胞。

2. 试剂

(1) DMEM 培养基和 0.25% 胰蛋白酶。
(2) 100 μg/mL 吖啶橙溶液,用蒸馏水配制。
(3) 100 μg/mL 溴化乙啶溶液,用蒸馏水配制。
(4) H_2O_2 溶液。

3. 器材

荧光显微镜,CO_2 培养箱,细胞培养板,台式离心机,玻璃离心管,微量离心管,微量移液器,载玻片,盖玻片。

四、实验方法

(1) 取对数生长期的 HeLa 细胞,用 0.25% 胰酶消化片刻后,加入含 10% 胎牛血清的 DMEM 培养液吹打细胞并制备细胞悬液。

(2) 细胞计数后,用培养液稀释细胞悬液,使细胞密度为 2×10^5/mL,接种入 24 孔培养板中培养,每孔 1 mL,在 37 ℃,5% CO_2 条件下进行培养。

(3) 24 小时后,加入终浓度为 800 μmol/L 的 H_2O_2,做 3 个平行孔。以在同样条件下培养的不加 H_2O_2 的 HeLa 细胞为阴性对照。

(4) 2 小时后,用 0.25% 胰酶消化细胞,并加入新鲜培养液吹打和悬浮细胞。

(5) 所得悬液经 1 000 r/min 离心 10 分钟,收集细胞。

(6) 用无血清 DMEM 培养液重悬细胞,计数后将细胞密度调整为 $2\times10^6 \sim 2\times10^7$/mL。

(7) 取 0.1 mL 细胞悬液,加入吖啶橙:溴化乙啶溶液(1:1)(使其终浓度均为 2 μg/mL),于室温下边轻微混合边染色 1 分钟。

(8) 取已染色细胞悬液 10 μL 滴于载玻片上,加盖玻片后置荧光显微镜下观察照相。

五、实验结果

荧光显微镜下可见,正常细胞的细胞核发出明亮的绿色荧光,胞质有红色荧光；而凋亡细胞的细胞核为黄色或红色的荧光，可见凋亡小体。

六、作业

查阅资料，了解细胞凋亡的其他检测方法。

七、思考题

(1) 凋亡细胞的细胞核为什么会出现黄色荧光？
(2) 正常细胞和凋亡细胞在形态上有什么区别？

实验二十一　海星再生过程的组织学研究与观察

再生是指通过形成新的组织或器官来替代因受伤而丢失或损害的组织或器官的修复及复原过程。再生在动物界中普遍存在,从科学家们注意到再生现象至今已有 250 余年的历史了。动物的再生是较复杂的现象,如果我们能够查清动物再生的组织、细胞和分子机理,不仅在细胞分化和去分化的理论研究上具有重要意义,对遗传学、胚胎学、临床医学、生物工程以及生态学均将产生巨大的推动作用,而且也能从根本上解决器官移植、肢体再生、神经再生和皮肤的损伤或烧伤等的再生修复等诸多问题,具有极为重要的开发和应用价值。

棘皮动物具有很强的再生能力,已经引起了学者们的极大兴趣。而海盘车(俗称海星)更是以其卓越的再生能力而闻名,可以快速且完整地再生出非自然丢失的腕,它不仅在实验室易于饲养,而且还具有典型后口动物式的发育特征,因此是再生研究的理想模式动物。

一、实验目的

(1)通过实验,掌握海盘车腕的创伤处理、生物制片和组织学染色技术。

(2)通过实验,了解海盘车腕再生的基本过程与再生方式,加深对动物再生的理解和掌握。

二、实验原理

棘皮动物是一类再生能力极强的无脊椎动物,它们常常通过无性繁殖的方式再生出因受伤、捕食或自残而丢失的器官,特别是腕、外附属物(棘和叉棘)及内脏(消化管、生殖腺等)等。棘皮动物的腕经常会在自身诱导或外部因素(如高温、缺氧、污染、大浪等)的作用下而发生自残,随后会迅速而完整地再生出丢失的部分。腕的再生已成为长腕棘皮动物的典型特征之一。海盘车腕经创伤后便会发生再生,其在再生过程中不仅发生了组织重排而且还出现了干细胞原基样结构,因此利用组织学染色(苏木素-伊红染色,HE 染色)技术便可观察到海盘车创伤腕的再生过程。

三、实验用品

1. 材料

罗氏海盘车 20 只。

2. 试剂

苦味酸饱和水溶液(0.9%～1.2%),二甲苯,冰醋酸,无水乙醇,95%酒精,甘油,蒸馏水,苏木精,伊红(醇溶性),钾矾,碘酸钠,EDTA-Na,切片用石蜡,中性加拿大树胶,蒸馏水,新鲜海水。

附　常用溶液配方

(1) Bouin 固定液:

苦味酸饱和水溶液	75 mL
福尔马林	25 mL
冰醋酸	5 mL

(2) 苏木素:

苏木精	5 g
硫酸铝钾	44 g
碘酸钠	0.5 g
蒸馏水	700 mL
甘油	280 mL
冰醋酸	20 mL

(3) 伊红:

95%酒精	100 mL
伊红	1 g

(4) EDTA-Na 溶液:

蒸馏水	100 mL
EDTA-Na	1 g

(5) 蛋白甘油:

新鲜的鸡蛋蛋清	10 mL
甘油	10 mL

3. 器材

RM2015 型轮转式切片机（LEICA 公司），普通光学显微镜，E200-Cool-Pix995 摄影显微镜（Nikon 公司），水浴锅，溶蜡箱；手术镊，眼科镊，双面刀片；海盘车饲养玻璃缸，立式染色缸，100 mL 玻璃烧杯，溶蜡杯，载玻片，盖玻片，青霉素小瓶，毛笔，解剖针，擦镜纸。

四、实验方法

1. 海盘车的断腕处理

将采自自然海域的海盘车在实验室中正常喂养 2 天，用锋利的双面刀片将其一只腕断下 2 cm，然后与对照海盘车同时正常喂养，为再生时间梯度准备实验材料。

2. 取材与固定

用锋利的双面刀片将不同时期的海盘车创伤腕切割成 1 cm×1 cm×0.2 cm 大小组织块。用吸水纸将组织块上的水吸干后于含 Bouin 固定液的青霉素小瓶（加盖）中固定 24 小时。

3. 脱钙处理

固定后的组织块放入 70% 酒精（加一滴氨水）泡洗 3 遍（每遍 5 分钟）后，用 EDTA-Na 溶液脱钙 80 分钟。蒸馏水冲洗 2 遍后把组织块用吸水纸吸干。

4. 酒精梯度脱水

将组织块依次入 50% 酒精 1 小时、70% 酒精 1 小时、80% 酒精 1 小时、95% 酒精 Ⅰ 45 分钟、95% 酒精 Ⅱ 45 分钟、无水乙醇 Ⅰ 45 分钟、无水乙醇 Ⅱ 45 分钟、无水乙醇:二甲苯（1∶1）混合液 30 分钟。

5. 透明、浸蜡与包埋

脱水后的材料入二甲苯约 20 分钟，以光线基本能透过组织为度，然后入二甲苯/石蜡（1∶1）混合液 30 分钟，入纯蜡 Ⅰ、Ⅱ 各 45 分钟；充分透蜡后进行常规石蜡包埋，标明材料的类型、包埋方向及包埋日期。

6. 切片、展片与烘干

常规石蜡切片，切片厚度为 7 μm，于干净载玻片上进行展片，35℃ 过夜烘干。

7. 切片脱蜡与复水

切片依次入二甲苯 Ⅰ 20 分钟、二甲苯 Ⅱ 10 分钟进行脱蜡处理后，依次入二甲苯:无水乙醇(1∶1),无水乙醇,95%酒精,80%酒精,70%酒精,50%酒精各5分钟,于蒸馏水中泡洗两次(每次5分钟)。

8. 苏木素-伊红染色

切片于苏木素中染色5分钟,流水冲洗15分钟;然后依次入蒸馏水,50%酒精,70%酒精,80%酒精各5分钟,伊红染色1分钟。

9. 封片、镜检与照相

切片依次入95%酒精Ⅰ、95%酒精Ⅱ、无水乙醇Ⅰ、无水乙醇Ⅱ、无水乙醇:二甲苯(1∶1)各5分钟,二甲苯Ⅰ、二甲苯Ⅱ各10分钟。然后用中性加拿大树胶封片,50℃过夜烘干。在Nikon E200-CoolPix995摄影显微镜下,观察并照相。

五、实验结果

1. 罗氏海盘车创伤腕的伤口愈合过程

新断腕处理后,在残腕的创伤端,体腔与外界相通,此时,真皮层中的肌肉纤维丰富,束状结构明显。断腕3天后,残腕创伤端的细胞数量大量增多,着色很深,并与残腕中的肌肉纤维束相连,此时,真皮层中出现了较大的空腔,为正在进行组织重排的标志。创伤4天后,邻近残腕创伤端的肌肉样细胞、表皮层细胞和体腔上皮细胞在伤口处汇合,使伤口得到修补,将体腔与外界隔离开来。至创伤后第8天,创伤端中央区域的肌肉样细胞经再分化形成了真皮层组织,并同时形成了连续的体腔上皮和表皮层。

2. 罗氏海盘车创伤腕中干细胞原基样结构的出现

罗氏海盘车断腕创伤8天后,在外表皮层和体腔上皮中均出现内陷于真皮层中的干细胞原基样结构(blastema-like structure),组成该结构的细胞,多为球形,细胞核着色深且核质比大,具有脱分化细胞之特征。此时,肌肉层界限已变得不明显,肌肉纤维的数量丰富,束状结构相对明显。

3. 罗氏海盘车创伤腕新生腕芽的生长、延长过程

腕创伤端愈合后便进入了新生腕芽的形成、生长与腕的延长阶段。组织学研究结果表明,断腕处理6天后,在已修补的伤口处,肌肉样细胞的束状结构发生了紊乱,正在进行再分化,在腕尖的背侧伸出芽状凸起。断腕处理32天后,形成了长约0.6 cm的新生腕芽。在腕尖的背侧和腹侧均伸出了芽状生长凸起,为新生腕芽的生长端。断腕处理48天后,新生腕芽继续延长,长度约达1.2 cm,新生腕芽上已分化出管足。断腕处理70天后,新生腕芽已延长至1.7 cm,

在新生腕芽上又出现了新的干细胞原基样结构。

4. 罗氏海盘车残腕的延长过程

断腕创伤 12 天后,在表皮层和体腔上皮的许多区域均形成了干细胞原基样结构,它们往往在表皮层和体腔上皮处彼此相对,位于与腕长轴相垂直的同一切面上。创伤 12 天后,两两对应的干细胞原基样结构通过其间脱分化的真皮层细胞而相互汇合,共同形成了一个大的横跨体壁的"楔状"细胞团。创伤 32 天后,"楔状"细胞团形成了横跨体壁的"楔状"干细胞原基样结构,一个个地横插在体壁中,使残腕得以延长。至创伤 48 天后,在残腕体壁的不同部位均出现了许多"楔状"干细胞原基样结构,经再分化进而形成新的体壁结构后,引起了残腕的快速延长。

六、作业

(1) 比较罗氏海盘车创伤腕与对照腕在体壁结构上的异同点。
(2) 总结出罗氏海盘车创伤腕的伤口愈合过程。
(3) 总结出罗氏海盘车创伤腕新生腕芽的生长与延长过程。
(4) 总结出罗氏海盘车残腕的延长过程。

七、思考题

(1) 海盘车创伤腕的再生过程分为哪几个主要阶段?
(2) 如何理解海盘车残腕与新生腕尖延长机制的不同?其与海盘车的惊人再生速度有何关系?
(3) 在组织、细胞和分子水平上阐明海盘车的再生机理不仅具有重大的科学理论意义还具有重要的应用价值,请你设计一个合理可行的研究方案和技术路线,来研究和查清海盘车的再生机理。

第四篇 细胞工程实验技术

实验二十二　染色体的标本制作及其组型实验

在真核生物中,染色体的数量和形态具有物种的特异性,迄今一直可以此作为物种分类的基本依据之一。染色体作为遗传物质——DNA 的载体,对生物的遗传、变异、进化和个体发生,以及细胞的增殖和生理过程的平衡控制等都具有十分重要的意义。每一个物种的细胞一般都有一定数目、形状和大小的染色体。将体细胞核中全部染色体按照其大小、着丝粒位置及带型有序地排列起来,此模式图像排列即为核型(karyotype)或染色体组型。核型分析均是以中期染色体为标准,对制作出的染色体标本进行照相以获得染色体的显微图像,并将其剪裁排列即成。华裔学者庄有兴(Joe Hin Tjio)和瑞典学者 A. Levan 合作,利用低渗法研究胎儿肺组织的染色体标本制作方法,终于在 1956 年首次确定了人类的染色体数目是 46 条,而不是前人所主张的 48 条,这为后来的人类核型研究奠定了基础。

一、实验目的

(1)通过实验,初步掌握染色体标本的制作方法,进一步了解各操作步骤的原理。

(2)通过组型实验,掌握染色体组型分析的基本方法。

二、实验原理

自身正处于活跃分裂状态或用植物血球凝集素(phytohemagglutinin, PHA)处理后处于分裂状态的组织或细胞,均可用于染色体标本的制作与分析。在正常动物体中,精巢和骨髓均是活跃分裂的组织,可不经 PHA 处理直接用于制作染色体标本。但在取材方面,精巢又比骨髓要简易一些,故本实验选用小鼠的精巢为实验材料。

对于小鼠精巢染色体标本的制作,一般包括以下几个要点:①用一定剂量的秋水仙素破坏纺锤丝的形成,使细胞分裂停滞在中期,使中期染色体停留在赤道面处;②用低渗法使细胞膨胀,以至于在滴片时细胞被胀破,使细胞的染色体铺展到载玻片上;③空气干燥法可使细胞的染色体在载玻片上展平,经 Giemsa 染色后便可观察到染色体的显微图像。

染色体组型又名核型,是指根据染色体的长度、形态和着丝粒的位置将中期染色体依照所规定的标准顺序和组次予以系统排列而成的模式图,它代表了一个个体或物种的染色体特征。进行染色体组型分析主要依据有以下几个参数:

(1)相对长度(relative length):指单个染色体的长度与包括 X 染色体在内的单倍体染色体总长度之比,即

$$相对长度 = \frac{单条染色体的长度}{(单倍常染色体+X 染色体)的总长度} \times 100\%$$

(2)臂指数(arm index):指染色体长臂与短臂的比率,即

$$臂指数 = \frac{长臂}{短臂}$$

(3)着丝粒指数(centromere index):指短臂占整个染色体长度的比率,即

$$着丝粒指数 = \frac{短臂}{整个染色体长度} \times 100\%$$

该比率决定了着丝粒在染色体中的相对位置。

(4)染色体的臂数:对于端部着丝粒染色体,臂数为 1,其他为 2。

根据 Levan(1964)所制定的人类染色体标准,臂指数在 1.0~1.7 之间的染色体为中央着丝粒染色体,在 1.7~3.0 之间为亚中央着丝粒染色体,在 3.0~7.0 之间为亚端部着丝粒染色体,大于 7.0 为端部着丝粒染色体;着丝粒指数在 50.0~37.5 之间的染色体为中央着丝粒染色体,在 37.5~25.0 之间为亚中央着丝粒染色体,在 25.0~12.5 之间为亚端部着丝粒染色体,小于 12.5 为端部着丝粒染色体。

三、实验用品

1. 材料

小白鼠,蟾蜍。

2. 试剂

(1)秋水仙素:称取秋水仙素 10 mg 加 10 mL 的注射用水,即得 0.1% 的秋水仙素液,以此作为原液。在使用时,需将原液稀释 50 倍,即取 0.1 mL 原液,加 4.9 mL 注射用水,稀释后秋水仙素的浓度为 20 μg/mL。

(2)生理盐水:哺乳动物及人类为 0.9% 的 NaCl 溶液,两栖类为 0.7% 的 NaCl 溶液。

(3)Carnoy 固定液:甲醇:冰醋酸为 3:1,必须现用现配。

(4)Giemsa 染液的配制:

吉姆萨粉(Giemsa stain)	1.0 g
甘油(AR)	66 mL
甲醇(AR)	66 mL

将 Giemsa 粉放入研钵中,先加入少量甘油,研磨至无颗粒为止,然后再将全部甘油倒入,放入 56℃温箱中 2 小时后,加入甲醇,将配制好的染液密封保存于棕色瓶内(最好于 0℃～4℃保存)。

(5)磷酸盐缓冲液:

1/15 mol/L $Na_2HPO_4 \cdot 12H_2O$:2.39 g 溶于 100 mL 双蒸水中。

1/15 mol/L KH_2PO_4:0.907 g 溶于 100 mL 双蒸水中。

取 1/15 mol/L $Na_2HPO_4 \cdot 12H_2O$ 液 80 mL,1/15 mol/L KH_2PO_4 液 20 mL 混合即为 pH 值为 7.38 的磷酸盐缓冲液。

如用无水 Na_2HPO_4 配制磷酸盐缓冲液,还可用以下方法配制:

A 液:

Na_2HPO_4	9.47 g
双蒸馏水	1 000 mL

B 液:

KH_2PO_4	9.06 g
双蒸馏水	1 000 mL

根据表 22-1 中所示比例即可配制出不同 pH 值的磷酸盐缓冲液。

表 22-1 磷酸缓冲液配制比例

pH 值	A 液(mL)	B 液(mL)	pH 值	A 液(mL)	B 液(mL)
5.8	7.8	92.2	6.8	50.0	50.0
6.0	12.0	88.0	7.0	61.1	38.9
6.4	26.5	73.5	7.2	71.5	28.5
6.6	37.5	62.5	7.4	80.4	19.6

(6)0.3% KCl 水溶液(低渗液)。

3. 器材

普通离心机,恒温水浴,手术剪,手术镊,100 mL 量筒,滴管,10 mL 小烧杯,10 mL 刻度离心管,试管架,染色用玻璃板,载玻片、盖玻片;显微镜,香柏油,擦镜纸,直尺。

四、实验方法

1. 染色体标本的制作

(1) 取小白鼠以每克重注射秋水仙素 4 μg,注射后 14～16 小时,用断头法杀死小鼠,取出睾丸用生理盐水洗去血污。

(2) 把睾丸移入盛有 1 mL 0.3% KCl 的低渗溶液的 10 mL 的小烧杯内,用手术剪将睾丸剪碎(呈乳白色),将其用铜网过滤至一支 10 mL 刻度离心管中以除去残余组织块,向离心管中加入 0.3% KCl 低渗溶液至 4 mL,于 37℃ 水浴中低渗处理 30 分钟。

(3) 800～1 000 r/min 离心 8 分钟。

(4) 轻轻地去除上清液,加入 2 mL 新配制的 Carnoy 固定液(甲醇:冰醋酸=3:1),立即用吸管轻轻将细胞吹散,室温固定 8 分钟。

(5) 800～1 000 r/min 离心 8 分钟。

(6) 弃去上清液,加入 1 mL 新制 Carnoy 固定液,用滴管轻轻将细胞吹散,制成细胞悬液。

(7) 取出预冷的干净载玻片,以 10～15 cm 的高度向载玻片上滴加 2～3 滴细胞悬液,并立即吹打载玻片。

(8) 用滤纸吸去载玻片上多余的水分后,将载玻片文火烤干或空气干燥。

(9) 向 10 mL 磷酸盐缓冲液中加入 4～5 滴 Giemsa 原液,以配制成 Giemsa 使用液。

(10) 在玻璃板上用废旧载玻片作支架,使标本载玻片的标本面向下放置到支架上,在玻璃板和标本载玻片之间滴加 Giemsa 染液,室温染色 30～35 分钟。

(11) 染色后的标本载玻片用流水冲洗 1～2 分钟,以冲洗掉多余的染液。

(12) 文火烤干后,进行显微镜观察。

(13) 选择染色和分散较好、比较直且周缘清晰的分裂相染色体,封片后在油镜下进行显微照相,并冲洗出照相底片。

2. 染色体的组型实验

(1) 选择染色体清晰的照相底片,用放大机制作出放大 10 倍的清晰照片。

(2) 将染色体逐一剪下,并对每个中期染色体逐一进行测量,包括每条染色体的长度和每个臂的长度。

(3) 根据测量数据,计算出每对染色体平均的相对长度、臂指数与着丝粒指数。

(4) 把相对长度与臂指数相近者配成一对。

(5)参照相对长度、臂指数与着丝粒指数的数值,并根据标准顺序,编排出染色体组型图。

(6)用胶水或糨糊将每条染色体依照标准顺序黏贴在实验报告纸上。

五、实验结果

在显微镜下,染色体被染成紫红色,胞浆完全不着色。对于分散好的染色体,其间相互散开,短臂收缩适中,两条姐妹染色单体大致平行分离,着丝粒清晰可见。小鼠的染色体数为 40 条,多为端部和亚端部染色体,只有两对亚中部着丝粒染色体。

人类染色体为 46 条,可分为 A、B、C、D、E、F、G 七个群,其各自的基本特征见表 22-2。

表 22-2 人类体细胞染色体的分类标准及其主要特征

类别	包括染色体的序号	主 要 特 征
A 群	第 1~3 对	体积大,中部着丝粒。第 2 对着丝粒略偏离中央
B 群	第 4~5 对	体积大,中部着丝粒。彼此间不易区分
C 群	第 6~12 对,X	中等大小,亚中部着丝粒。第 6 对的着丝粒靠近中央,X 染色体大小介于第 6 与 7 对之间,第 9 对的长臂上有一次缢痕,第 11 对的短臂较长,第 12 对的短臂较短,彼此间不易区分
D 群	第 13~15 对	中等大小,近端部着丝粒,有随体。彼此间不易区分
E 群	第 16~18 对	中等大小。第 16 对为中央着丝粒,长臂上有一次缢痕;第 17、18 对为亚中央着丝粒,后者的短臂较短
F 群	第 19~20 对	体积小,中部着丝粒。彼此间不易区分
G 群	第 21~22 对,Y	第 21、22 对体积小,近端着丝粒,有随体,长臂常呈分叉状;Y 染色体较前者略大,近端着丝粒,无随体,长臂彼此平行

六、作业

(1)通过对自己制作的小鼠染色体标本观察,总结小鼠染色体的形态特征。

(2)对于分散好的染色体,进行染色体计数。

(3)对于呈非整倍性的染色体标本,分析其形成原因。

(4)认真做好小鼠的染色体组型图。

七、思考题

(1)请你分析一下在本实验中造成染色体标本制作不佳的原因有哪些？

(2)本实验中，对由小鼠精巢而来的染色体标本进行镜检时，发现染色体数有的为40条，而有的则为20条，为什么？拥有20条染色体的单倍体细胞会是什么细胞？

(3)从一般意义上讲，染色体标本制作的四大要点是什么？

附 染色体标本制作质量不佳的可能原因

(1)秋水仙素用量太多或处理时间过长，都会导致染色体的过分缩短或着丝点迅速裂解，最终使染色体被破坏或溶解。

(2)低渗处理极为重要，低渗液的量、处理时间均与细胞的数量有关。低渗过度时，细胞会破裂，成膜上浮；不足时则染色体堆积在一起，因此，低渗处理直接影响染色体分散的好坏。

(3)离心速度太高或离心时间过长，细胞团块不易打散；速度过低或离心时间过短，使细胞不易沉降，会失去大量分裂相。

(4)固定液要随用随配，固定彻底后再打散细胞团块，否则细胞容易破碎，染色体分散亦受到影响。

(5)载玻片如有油脂或冷却不够亦影响铺展。

实验二十三　染色体 G-带的分带技术

20 世纪 60 年代以来，染色体分带技术有了很大的发展，尤其是 1970 年以来，许多人类染色体分带技术的出现在细胞遗传学的研究中展示了一个新的时期。染色体分带技术可使我们准确无误地识别每一条染色体，并用来分析染色体内部结构的变化，检出常规制片无从察觉的染色体缺陷，在临床上有重要意义。

染色体分带技术最早(1968 年)开始于瑞典科学家 Caspersson 及他的同事的开拓性工作，他们用氮芥喹吖因使染色体不同部位分别染色，显示出清晰的带纹。1971 年，Pardue 等又提出了吉姆萨(Giemsa)显带技术。以上述发现为开端，人们引用不同的物理、化学方法处理染色体标本，并用一定的染料染色，可使每条染色体上出现明暗相间或深浅不同的带纹，称为染色体带。根据染色方法的不同可分为 Q、G、C、R、N、T 及 Cd 等几种类型的带，并对显带机理进行了探讨。本实验重点介绍在动物细胞染色体中常用的 G-带技术。

一、实验目的

(1) 学习染色体 G-带的显示方法。
(2) 了解 G-带染色体在细胞遗传学分析中的重要意义。

二、实验原理

关于 G-带形成的机理，至今还不十分清楚，但有人提出了以蛋白质构象改变为基础的显带机理。此机理认为，带纹所反映的是蛋白质结构的差异，这种差异与 DNA 的功能活动相适应。G-带的形成与 Giemsa 染料的组成及染色特性分不开。Giemsa 染料是由亚甲蓝(美蓝)、天蓝和曙红组成的复合染料，除曙红外，均为噻臻类染料，它只与 DNA 中的 PO_4^- 基结合而不与蛋白质结合，所以染色体着色首先取决于两个噻臻分子与 DNA 的结合，在此基础上结合一个曙红分子形成 2∶1 噻臻-曙红沉淀物。其次取决于一个有助于染料沉淀物积累的疏水环境。染色体上含有高浓度疏水性蛋白的区域有利于噻臻-曙红沉淀物的形成，这些区域相当于含高比例二硫键的氧化态蛋白质区域，经一系列处理后显示暗带，而另一些区域(明带区)则为含疏基的还原态蛋白质，为亲水性蛋白质,对染料亲和力低,所以不显色。这表明,在 G-带形成的过程中,蛋白质状态是一个主要因素,这与染色体的功能有关。如果染色体上某一区域的 DNA 为重复序列,转录活性低,相应的包装它们的蛋白质也较稳定,可能通过较强的二硫键形成很稳定的疏水的 α-螺旋结构,成为染料沉淀物积累的环境,从而显示出阳带(暗带)。反之,如果染色体上某一区域的 DNA 富含具转录活性的结构基因,则功能上相对活跃,包装它们的蛋白质也较疏松,构象上类似 β-折叠结构,经处理后二硫键断裂,还原为疏基,成为亲水性蛋白,不利于染料沉淀物的积累,所以着色浅,显示阴带(明带)。关于 G-带形成的机理还有待进一步探讨。G-带有许多优点:染色是永久性的,可以较长时间保存;带纹分析通常较好;用普通光学显微镜可观察等。

三、实验用品

1. 材料
小鼠染色体标本。

2. 试剂
(1) 2 mol/L NaCl 溶液。
(2) 5 mol/L 尿素溶液。
(3) Giemsa 染液。
(4) 磷酸盐缓冲液(pH 值为 6.8)。

3. 器材
显微镜,恒温水浴箱,染色缸,滤纸,冰箱。

四、实验方法

(1) 将老化 3~7 天的染色体标本置于 37℃,pH 值为 7.0 的 2 mol/L NaCl 和 5 mol/L 尿素的混合液中处理 60 分钟。或用 8 mol/L 尿素与磷酸盐缓冲液(pH 值为 6.8)以 3:1 混合,于 0℃~4℃处理 30 秒左右。
(2) 标本取出后,立即用蒸馏水冲洗。
(3) 用 2% Giemsa 染液(pH 值为 7.0)染色 60 分钟,水冲洗。
(4) 晾干,二甲苯透明 2~3 分钟,封入中性树胶中。

五、实验结果

在显微镜下,可见分布在小鼠染色体全长上的宽窄不同的相间条带。带纹的多少随染色体的不同而异,另外还因染色体所处的时期不同而有差异,一般中期染色体带纹较少,早中期与晚前期染色体的带纹较多,前期染色体多呈颗粒状。

六、作业

(1)绘制 2～3 条小鼠染色体的 G-带模式图。

(2)解释早中期与晚前期染色体的带纹较多、而中期染色体带纹较少的原因。

七、思考题

(1)染色体 G-带的含义是什么?

(2)染色体 G-带有何应用价值与应用前景?

实验二十四　染色体 C-带的分带技术

C-带最初是着丝粒异染色质(centromere heterochromatin)带纹的简称,后来为结构异染色质(constitutive heterochromatin)带的简称,因主要显示着丝粒处及其他部位的异染色质,故而得名。C-带技术是 20 世纪 70 年代初兴起的一项细胞生物学新技术,它借助特殊的处理程序,使染色体的一定部位显示出明暗不同的染色带纹。这些带纹具有物种和染色体特异性,即每条染色体上带的数目、部位、宽窄及浓淡等均具有相对的稳定性,可被用来更加有效地鉴别染色体和研究染色体的结构与功能。其优点是:准确性高,能使特殊的异染色质染色,可用来进行性别鉴定,以区别某些动物的雌、雄,也是当前植物染色体分带的主要方法。

一、实验目的

(1) 学习染色体的 C-带显示方法。
(2) 了解 C-带染色体在细胞遗传学分析中的重要意义。

二、实验原理

C-带的特征是,染色体臂选择性地抽取了 DNA,呈淡染;而 C-带区较大比例的 DNA 被保留了,呈深染。DNA 的抽取是由于在 C-带显带的过程中,酸、碱、盐对 DNA 的作用所致。酸处理可以使 DNA 分子脱嘌呤;碱处理可使 DNA 变性及溶解;$2\times SSC$ 溶液的处理可使 DNA 骨架断裂并使断片溶解。而 C-带区的 DNA 仅与组蛋白结合,比富含非组蛋白的染色体臂的 DNA 结构紧密,从而保护了 C-带区的异染色质免受酸、碱、盐的破坏,容易着色,从而产生 C-带。

三、实验用品

1. 材料

小鼠染色体标本。

2. 试剂

(1) 0.2 mol/L HCl。

(2)5％ Ba(OH)$_2$ 溶液。

(3)2×SSC 溶液。

2×SSC 溶液(0.3 mol/L 氯化钠＋0.03 mol/L 柠檬酸钠)配方：

NaCl	17.532 g
柠檬酸钠	8.823 g
蒸馏水	至 1 000 mL

(4)Giemsa 染液。

(5)1/15 mol/L 磷酸盐缓冲液。

3. 器材

水浴箱,染色缸,烧杯,镊子。

四、实验方法

(1)用常规空气干燥法制备染色体标本。

(2)将老化 3～7 天的染色体标本,在室温下用 0.2 mol/L HCl 处理 30～60 分钟。

(3)用蒸馏水漂洗 3 次。

(4)转入 50℃ 5％ Ba(OH)$_2$ 溶液中保温 10～15 分钟。

(5)用自来水冲洗 3～5 分钟,再用温蒸馏水冲洗直到附着在载玻片上的 Ba(OH)$_2$ 被冲洗掉。

(6)将标本放入 60℃～65℃ 2×SSC 溶液中处理 60～90 分钟。

(7)蒸馏水冲洗,空气干燥。

(8)染色:用 1/15 mol/L 磷酸盐缓冲液将 Giemsa 染液稀释 20 倍(pH 值为 6.8)染色 5～6 分钟。

(9)用自来水冲去染液,晾干。

五、实验结果

在显微镜下,小鼠染色体的带纹呈深红或紫红色,染色体的无带区为透明或半透明的淡红色。

六、作业

(1)绘制 2～3 条小鼠染色体 C-带的模式图。

(2)写出 C-带与无带区在结构和组成上的差异之处?

七、思考题

(1) 染色体 C-带的含义是什么？

(2) 染色体 C-带有何应用价值与应用前景？

实验二十五　动物细胞原代培养技术

高等生物是由多细胞构成的整体,在整体条件下要研究单个细胞或某一群细胞在体内(in vivo)的功能活动是十分困难的。但是如果把活细胞拿到体外(in vitro)培养进行观察和研究,则要方便得多。活细胞离体后要在一定的生理条件下才能存活和进行生理活动,特别是高等动植物细胞要求的生存条件极其严格,稍有不适就要死亡。所以细胞培养技术(cell culture)就是选用最佳生存条件对活细胞进行培养和研究的技术。

细胞培养方式大致可分为两种:一种是群体培养(mass culture),将含有一定数量细胞的悬液置于培养瓶中,让细胞贴壁生长,汇合(confluence)后形成均匀的单细胞层;另一种是克隆培养(clonal culture),将高度稀释的游离细胞悬液加入培养瓶中,各个细胞贴壁后,彼此距离较远,经过生长增殖每一个细胞形成一个细胞集落,称为克隆(clone)。一个细胞克隆中的所有细胞均来源于同一个祖先细胞。此外,为了制取细胞产品而设计了转鼓培养法,使用大容量的圆培养瓶,在培养过程中不断地转动,使培养的细胞始终处于悬浮状态中而不贴壁。

一、实验目的

(1)学习动物原代培养的基本操作技术。
(2)掌握细胞原代培养中常用的组织块培养法和消化培养法。

二、实验原理

将动物体的各种组织从机体中取出,经各种酶(常用胰蛋白酶)、螯合剂(常用EDTA)或机械方法处理,分散成单细胞,置合适的培养基中培养,使细胞得以生存、生长和繁殖,这一过程称原代培养。原代培养的细胞生长比较缓慢,而且繁殖一定的代数后(一般10代以内)停止生长,需要更换培养基。将细胞从一个培养瓶转移到另外一个培养瓶即称为传代或传代培养(subculture)。

三、实验用品

1. 材料

新生小鼠。

2. 试剂

(1) RPMI 1640 培养基(含 20%小牛血清)。

(2) 0.25%胰酶。

(3) 消毒液(酒精 75%)。

(4) 碘酒。

(5) Hank 液: KH_2PO_4 0.06 g, NaCl 8.0 g, $NaHCO_3$ 0.35 g, KCl 0.4 g, 葡萄糖 1.0 g, $Na_2HPO_4 \cdot H_2O$ 0.06 g, 加双蒸馏水至 1 000 mL, 高压灭菌后置 4℃保存备用。

3. 器材

超净工作台,培养箱(调整至 37℃),培养瓶,青霉素瓶,小玻璃漏斗,平皿,移液管,血球计数板,倒置显微镜,离心机,水浴箱(37℃),小烧杯,培养皿,直头吸管,弯头吸管,大直头镊子,小弯头镊子,眼科剪,杂用品(一次性注射针筒、棉花、牛皮纸等)。

四、实验方法

1. 胰酶消化法

(1) 取材:将新生小鼠拉颈椎致死,置 75%酒精中泡 2～3 秒(时间不能过长,以免酒精从口和肛门浸入体内),再用碘酒消毒腹部,将新生小鼠放在超净台内,解剖取肝脏,置平皿中。

(2) 用 Hank 液洗涤 3 次,并剔除脂肪、结缔组织、血液等杂物。

(3) 用手术剪将肝脏剪成小块(1 mm^3),再用 Hank 液洗 3 次,转移至小青霉素瓶中。

(4) 视组织块量加入 5～6 倍的 0.25%胰酶液,37℃中消化 20～40 分钟,每隔 5 分钟振荡一次,或用吸管吹打一次,使细胞分离。

(5) 加入 3～5 mL 培养液以终止胰酶消化作用(或加入胰酶抑制剂)。

(6) 静置 5～10 分钟,使未分散的组织块下沉,取悬液加入到离心管中。

(7) 1 000 r/min 离心 10 分钟,弃上清液。

(8) 加入 Hank 液 5 mL,冲散细胞,再离心一次,弃上清液。

(9)加入培养液 1~2 mL(视细胞量),血球计数板计数。

(10)将细胞调整到 5×10^5/mL 左右,转移至 25 mL 细胞培养瓶中,37℃下培养。

上述消化分离的方法是最基本的方法,在该方法的基础上,可进一步分离不同细胞。细胞分离的方法各实验室不同,所采用的消化酶也不相同(如胶原酶、透明质酶等)。

2. 组织块直接培养法

自上方法第 3 步后,将组织块转移到培养瓶中,贴附于瓶底面。翻转瓶底朝上,将培养液加至瓶中,培养液勿接触组织块。放入 37℃培养箱中静置 3~5 小时,轻轻翻转培养瓶,使组织浸入培养液中(勿使组织漂起),37℃继续培养。

注意事项:

(1)无菌室和操作台消毒:无菌室每周用紫外线消毒 1~2 次。实验前,将实验器材放入超净台内,打开超净台紫外线灭菌灯,同时启动超净台风机,40 分钟后消毒完毕,关闭紫外线灯。

(2)无菌操作要求:一切操作都要在火焰周围进行,瓶口、吸管、注射器等要经过火焰消毒。瓶口要顺风斜放在支架上。试剂使用后应立即封闭瓶口。

(3)组织培养过程中要注意组织接种量要适宜,适宜的接种量可造就一个有利于细胞生长的微环境以促进细胞的增殖。

(4)自取材开始,保持所有组织细胞处于无菌条件下。细胞计数可在有菌环境中进行。

(5)在超净台中,组织细胞、培养液等不能暴露过久,以免溶液蒸发。

(6)凡在超净台外操作的步骤,各器皿需用盖子或橡皮塞,以防止细菌落入。

五、实验结果

1. 细胞的一般形态学观察

用倒置显微镜进行活细胞观察并照相。

2. 置于 37℃下培养的细胞,需逐日进行观察

主要观察:

(1)培养物是否被污染,如培养液变为黄色且混浊,表示该瓶细胞被污染。

(2)细胞生长状况与培养液颜色的变化,如培养液变为紫红色,一般细胞生长不好,可能是瓶盖未盖紧或营养液 pH 值过高。培养液若变为橘红色,一般显示细胞生长良好。经过 1~2 天培养后,若细胞生长情况较差或培养液变红了,则可换一次营养液。

六、作业

(1) 观察、记录培养细胞的结果。

(2) 请你写出细胞培养实验操作中应该注意的有关事项。

七、思考题

(1) 总结培养过程中组织块贴壁能否成功的经验,写出影响组织正常贴壁的因素。

(2) 不同的实验材料(如两栖类、鱼类)和相同实验材料不同组织的培养所需的培养条件和培养方法是否相同,请阐述理由。

实验二十六　植物原生质体的分离和培养技术

植物原生质体是除去细胞壁的裸露细胞。在适宜的培养条件下，分离的原生质体能合成新壁，进行细胞分裂，并再生成完整的植株。植物的幼嫩叶片、子叶、下胚轴、未成熟果肉、花粉四分体、培养的愈伤组织和悬浮培养细胞等均可作为培养原生质体的材料来源。

一、实验目的

掌握植物原生质体的分离和培养的基本方法，并对培养的结果进行初步观察。

二、实验原理

分离原生质体常采用酶解法。其原理是根据由纤维素酶、果胶酶和半纤维素酶配制而成的溶液对细胞壁成分的降解作用，而使原生质体释放出来。原生质体的产率和活力与材料来源、生理状态、酶液的组成以及原生质体收集方法有关。酶液通常需要保持较高的渗透压，以使原生质体在分离前细胞处于质壁分离状态，分离之后不致膨胀破裂。渗透剂常用甘露醇、山梨醇、葡萄糖或蔗糖。酶液中还应含一定量的钙离子，来稳定原生质膜。游离出来的原生质体可用低速离心法收集，用蔗糖漂浮法纯化，然后进行培养。

三、实验用品

1. 材料

烟草幼苗的叶片。

2. 试剂

(1) 杀菌试剂：70%酒精，0.3%次氯酸钠。

(2) 渗透压维持液：0.16 mol/L 和 0.20 mol/L $CaCl_2$ 溶液，并加有 0.1% MES(2-N-吗啉乙烷磺酸)，pH 值为 5.8～6.2。

(3) 酶解试剂：2%纤维素酶，1%果胶酶(若用国产 EA3-867 纤维素酶，则果胶酶可省去)，0.6 mol/L 甘露醇，0.05 mol/L $CaCl_2$，0.1% MES(pH 值为

5.8~6.2)。

(4)DPD培养基:DPD培养基成分见表26-1。

表26-1　DPD培养基成分

成分	含量(mg/L)	成分	含量(mg/L)
NH_4NO_3	270	KI	0.25
KNO_3	1480	烟酸	4
$MgSO_4 \cdot 7H_2O$	340	盐酸吡哆锌	0.7
$CaCl_2 \cdot 2H_2O$	570	盐酸硫胺素	4
KH_2PO_4	80	肌醇	100
$FeSO_4 \cdot 7H_2O$	27.8	叶酸	0.4
EDTA-Na	37.3	甘氨酸	1.4
$MnSO_4 \cdot H_2O$	5	生物素	0.04
$Na_2MoO_4 \cdot 2H_2O$	0.1	蔗糖	2 000
H_3BO_3	2	甘露醇	0.3 mol/L
$ZnSO_4 \cdot 7H_2O$	2	2,4-D	1
$CuSO_4 \cdot 5H_2O$	0.015	激动素	0.5
$CoCl_2 \cdot 6H_2O$	0.01	pH	5.8

3. 器材

(1)超净工作台、普通离心机、倒置显微镜、光照培养箱或专用无菌培养室、灭菌锅、血细胞计数板、石蜡膜带等。

(2)细菌过滤器和0.45 μm 的滤膜、300目不锈钢网筛及配套的小烧杯、解剖刀、尖头镊子、注射器(5 mL,10 mL)和12号长针头、移液管(5 mL,10 mL)、培养皿(直径6 cm)或扁平培养瓶(50 mL)、大培养皿、吸水纸等,使用前需经过灭菌。

四、实验方法

(1)取自来水冲洗的叶片在0.3%次氯酸钠溶液中浸泡灭菌15分钟。无菌水漂洗5次。

(2)用吸水纸吸取上面的水珠,镊子撕去下表皮。将叶片切成0.5 mm宽的小条,放入酶解液。

(3) 将培养皿用石蜡膜带封口,在 28℃ 条件下保温 3~6 小时,中间轻轻摇动 2~3 次。在倒置显微镜下检查,直到产生足够量的原生质体。

(4) 将酶解后的原生质体悬浮液用不锈钢网筛过滤到小烧杯中,以除去未酶解完全的组织。

(5) 将滤液分装在刻度离心管中,用 600 r/min 的速度离心 5 分钟,使原生质体沉淀下来。

(6) 用移液管吸去上清液。将沉淀的原生质体悬浮在 2 mL 0.2 mol/L 的 $CaCl_2$ 溶液中。

(7) 用注射器(装上长针头)向离心管底部缓缓注入 20% 蔗糖溶液 6 mL,在 600 r/min 下离心 5 分钟。此步完成后,在两相溶液的界面之间将出现一层纯净的完整原生质体带,杂质、碎片将沉到管底。

(8) 用注射器吸出管底杂质和下部的蔗糖溶液及上部的 $CaCl_2$ 溶液。

(9) 离心管底中留下的纯净原生质体用 8 mL 0.2 mol/L $CaCl_2$ 悬浮。离心 5 分钟,吸去上清液。再用培养基如法洗涤一次。

(10) 将收集的原生质体悬浮在适量 DPD 培养基中,将其密度调整到 5×10^4/mL 左右(可用血细胞计数板统计原生质体的密度)。

(11) 用带皮头的刻度移液管将原生质体悬液分装在培养皿中,每皿放 2 mL。用石蜡膜带封口。置 26℃ 左右条件下进行培养。

(12) 培养 10 天后,在倒置显微镜下统计原生体再生分裂频率。

(13) 两周后,大部分原生质体再生了细胞壁并有部分发育成愈伤组织,添加含 0.2 mol/L 甘露醇的新鲜培养基。

(14) 一个月左右,出现瘤状愈伤组织,转入 MS(附加 NAA 0.2 mg/L,6-BA 3 mg/L)固体培养基,诱导分化。

五、实验结果

1. 活力检查

凡具活力的原生质体均呈现球形,在显微镜下可观察到明显的胞质环流运动。在叶肉原生质体中由于叶绿体的阻挡,看不清胞质环流。可取一滴原生质体悬液放在载玻片上,加一滴 0.1% 酚藏花红溶液,凡活着的原生质体均不着色,而死去的原生质体立即着染成红色。

2. 细胞壁再生的观察

培养 24~48 小时后,大部分原生质体已再生新壁,并且体积增大,变成椭球形。可用以下方法鉴别细胞壁的再生。

(1) 取一滴原生质体培养悬液放在载玻片上,加一滴高浓度(25%)蔗糖溶液,有壁的细胞将发生质壁分离。

(2) 取一滴原生质体培养悬液放在载玻片上,加一滴 0.01% 荧光增白剂溶液。在荧光显微镜下,当用 366 nm 波长的紫外光照射时,细胞壁将发黄绿色荧光。

3. 细胞分裂的观察

培养 4 天以后,将出现第一次分裂,可在倒置显微镜下观察,在培养 8～10 天后,应统计分裂频率,即出现分裂的原生质体占成活原生质体的百分率。

一般在细胞团形成后(在培养的第 10～20 天),应向培养瓶中补加渗透剂减半的新鲜培养基,以促进细胞团的增殖。待小愈伤组织形成后,转移到固体培养基上,进行植株分化的条件试验。

六、作业

(1) 经初步培养后,原生质体的分裂频率是多少?
(2) 原生质体的培养过程主要受哪些因素的影响?

七、思考题

(1) 酶解法产生原生质体的注意事项是什么?
(2) 总结细胞活性检测的方法。

实验二十七　动物胚胎干细胞的分离与培养技术

胚胎干细胞(embryonic stem cell,简称 ES 细胞)是由哺乳动物早期胚胎内细胞团(inner cell mass,ICM)或原始生殖细胞(primordial germ cell,PGCs)分离后,经体外抑制分化培养所获得的具有保持未分化状态和无限增殖能力的细胞系。胚胎干细胞可以自我更新并具有分化为成体动物体内所有组织的潜能。它的产生给胚胎发育学和分子生物学技术带来了突破,并且使器官克隆的梦想逐步走向现实。

一、实验目的

(1)掌握胚胎干细胞分离与培养的实验方法。
(2)了解胚胎干细胞在生物学领域的应用。

二、实验原理

哺乳类动物的受精卵是一个全能干细胞,能分化出 200 多种体细胞。受精卵在分裂期的早期,会形成囊胚结构,它由大约 140 个细胞组成。在囊胚内部,有一个"内细胞团",这个细胞团便是胚胎干细胞的集合。分离提取这些胚胎干细胞后,可诱导分化出各类多能或专能干细胞。胚胎干细胞在体内和体外的环境中都表现出分化潜能。胚胎干细胞的体内分化潜能表现在当注射到同种系的动物体内后能形成具有三个胚层细胞的畸胎瘤。而体外分化潜能则表现在能形成拟胚体和定向分化为三种胚层的细胞,如外胚层的神经细胞、中胚层的肌细胞和心肌、内胚层的胰岛细胞等。

本实验以小鼠为例分离和培养胚胎干细胞。其简要过程如下:将发育 3.5 天的胚胎从小鼠子宫内冲出,此时的胚胎处于 8 细胞囊胚或桑椹胚时期,将其放在滋养层细胞上培养 4~5 天后,取出内细胞团,离散成小细胞团。这些小细胞团在特定环境下长成集落就是胚胎干细胞集落,其中的单个细胞都具有胚胎干细胞的特征:自我更新能力和多向分化潜能、高核质比、高度的碱性磷酸酶活性和端粒酶活性等。

三、实验用品

1. 材料

BalB/c 小鼠。

2. 试剂

(1) DMEM 培养基和 0.25% 的胰蛋白酶，小牛血清和胎牛血清。

(2) 非必需氨基酸，谷氨酰胺，白血病抑制因子，青霉素，链霉素，β-巯基乙醇，碱性成纤维细胞生长因子，丝裂霉素 C，孕马血清促性腺激素，人绒毛膜促性腺激素。

(3) PBS 磷酸盐缓冲液 (pH 值为 7.2)。

3. 器材

超净工作台、CO_2 培养箱、倒置显微镜、培养瓶、细胞培养板、解剖刀剪、微量移液器。

四、实验方法

1. 制备饲养层细胞

取怀孕 12.5～13.5 天的母鼠，断颈处死，酒精消毒腹部，无菌打开腹腔取出整个子宫，置于平皿中(事先已加入 PBS 溶液)，去除胎膜，取出胎儿。用眼科剪去除头、四肢、内脏及尾后，用 PBS 冲洗 3 次。然后把组织剪碎，剪成约 1 mm^3 组织块，PBS 冲洗 3 次，去除血细胞、色素物质及细胞碎片等。用 0.25% 的胰酶室温消化 10～15 分钟并吹打组织块后，加入等体积的含 10% 胎牛血清的 DMEM 培养基终止消化。将细胞悬液移入离心管中，1 000 r/min 离心 5 分钟，弃去上清液。用含 10% 胎牛血清的 DMEM 培养基悬浮细胞。将细胞悬液置于培养瓶中，加入含 10% 胎牛血清的 DMEM 培养基(添加 100 U/mL 青霉素+100 U/mL 链霉素)，37 ℃，5% CO_2 培养箱中培养 24 小时。然后更换培养基，接着培养至细胞铺满后倒掉原有培养基，加入含 10 μg/mL 丝裂霉素 C 的培养基孵育 3 小时。细胞用 PBS 溶液离心淘洗 3 次以除去丝裂霉素 C。用胰酶消化细胞然后计数，以 3×10^5 细胞数/孔的密度接种于 24 孔板中培养备用。

2. 小鼠囊胚的分离和培养

10～12 周龄的雌鼠腹腔注射孕马血清促性腺激素，48 小时后腹腔注射人绒毛膜促性腺激素，雌、雄鼠(1∶1)合笼饲养，次日见阴道栓为受精 0.5 天。剪开孕 3.5～4 天的母鼠子宫,注射器从一侧注入冲胚液(含 1%小牛血清的 PBS)冲洗子宫壁,用凹皿收集囊胚后移至饲养层细胞上,用 ES 细胞培养基(高糖 DMEM+10%胎牛血清+1%非必需氨基酸+2 mmol/L 谷氨酰胺+10 ng/mL 白血病抑制因子+10 ng/mL 碱性成纤维细胞生长因子+1 mmol/L β-巯基乙醇+100 U/mL 青霉素+100 U/mL 链霉素)培养,每 48 小时半量换液。

3. 内细胞团的分离和培养

培养 4～5 天后,内细胞团已孵出并生长较大;在倒置显微镜下用毛细针轻轻将明显呈柱状的内细胞团与胚胎的其余部分分开并将其挑出。用胰酶消化后尽量将其吹散,放置在新鲜配制的饲养层细胞上生长。3～5 天后挑取单个胚胎干细胞样集落,用胰酶消化,离散集落后传代。

五、实验结果

得到传代多次的小鼠胚胎干细胞系,并且细胞生长状态良好。从形态上来说,典型的胚胎干细胞体积较小,有一个大核,核内有一个或多个明显的核仁,胞质较少。细胞排列紧密,边界不清晰。

还可以通过核型分析、碱性磷酸酶活性检测等方法来鉴定得到的胚胎干细胞系。

六、作业

(1)绘图说明所得到的胚胎干细胞系细胞的形态。
(2)分析胚胎干细胞系细胞的生长特性(细胞形态、生长速度、贴壁状况等)。

七、思考题

(1)胚胎干细胞培养基中各种成分的作用是什么?
(2)根据你的实际体会,写出关系本次实验成败的关键步骤、操作注意事项及改进方法。

实验二十八　细胞的冷冻保存技术

冷冻保存又称超低温保存,所谓超低温是指-80℃以下的温度。在该温度下,细胞的生理生化活动趋于停滞,可以实现材料的稳定保存。细胞冻存是细胞长期保存的主要方法。其意义在于:在超低温度下保存可以最大限度地防止细胞材料的老化和可能的变异,避免频繁转移培养带来的可能污染以及财力浪费。作为资源保存的重要形式,细胞冷冻保存也有利于细胞恢复活力,并为国际和国内种质交换提供方便。

一、实验目的

(1)了解细胞冷冻保存的原理和意义。
(2)掌握细胞冻存的基本程序。

二、实验原理

在超低温度下,细胞内形成的冰晶能导致细胞内发生一系列变化,如脱水、电解质浓度升高、机械损伤、pH改变、蛋白质变性等,导致细胞膜损伤、细胞内物质逸失、生理生化活动紊乱,直至细胞死亡。通过冰冻保护剂(甘油或二甲基亚砜(DMSO))处理,降低细胞质结冰点,提高对低温的耐受性,同时在缓慢降温条件下,细胞内水分逐渐透出,避免大冰晶的形成,降低细胞损伤,从而稳定通过-40℃~-60℃的致死温度,随后直接在低温下保存。目前常用的冷冻液是液氮(-196℃),由于液氮为一稳定的惰性液体,对保存材料无毒,可以为稳定保存细胞提供理想的低温环境。

作为保存成功的关键,保护剂的选择使用是必须的。当前常使用的冰冻保护剂是甘油或二甲基亚砜(DMSO),有时常常配合加入甘露糖、丙二醇、蔗糖等辅助分子,保护剂的选择要求相对分子质量小、溶解度大、易穿透细胞、对细胞毒性较小。使用的浓度范围为5%~15%。

和降温一样,细胞的升温恢复方式也相当重要。为防止升温过程中,重结晶对细胞的伤害,目前常采用快速升温的方法。

另外,在常温下,DMSO对细胞存在一定程度的伤害,用DMSO作为保护剂时,一般在4℃下进行保护处理,升温恢复后通过离心或逐渐更换培养液尽快去除保护剂。

三、实验用品

1. 材料

培养的 HeLa 细胞。

2. 试剂

RPMI 1640(或 DMEM)培养基、小牛血清、0.25%胰蛋白酶、甘油或二甲基亚砜(DMSO)、Hank 液、液氮、台盼蓝。

3. 器材

CO_2 培养箱、倒置显微镜、超净工作台、高压锅、水浴箱、离心机、液氮罐、离心管、培养瓶、微量加样器、吸管、移液管、酒精灯、酒精棉球、无菌冻存管、线绳和标记用小牌等。

四、实验方法

(1) 选择细胞形态良好、单层致密理想的细胞(对数生长期),加入预温至 37℃的 0.25%胰蛋白酶,消化分散细胞,随后弃消化液,加入新鲜培养液。

(2) 悬浮细胞,将它们移入灭菌的带盖离心管,1 200 r/min 离心 5 分钟,收集沉淀细胞。加入适量冻存液(10%甘油+90%培养基或 10%DMSO+90%培养基)制成细胞悬液。调整细胞密度为 $3×10^6$/mL 左右。

(3) 将细胞悬液装入冻存管中,每管 1.5 mL,旋紧管盖,并在管上标明细胞株名称、冻存日期,最后放入专用底部为金属网的提篮中冻存。

(4) 冻存管在 4℃下存放 30 分钟,-20℃下稳定 1 小时,再转入-70℃下 12 小时后即可转移到液氮内(-196℃)。

(5) 取出冻存管,立即投入 40℃水浴中,快速解冻。

(6) 用 75%乙醇擦拭消毒冻存管外壁,打开管塞,用吸管吸出悬液,注入离心管中,加入适量培养液,混匀后 3 000 g 离心 5 分钟。

(7) 弃上清液,加入 5 mL 新鲜培养基,并用吸管轻轻吹打悬浮细胞。

(8) 将细胞悬液装入培养瓶,37℃下静止培养,除去少量细胞悬液后计数细胞,以计算冻存细胞存活率。

(9) 待细胞贴壁后(4~6 小时),换液再培养。细胞长满后可进行传代培养。

六、作业

(1) 对细胞进行缓冻速融的原理是什么?

(2)观察复苏细胞的生长情况,计算细胞存活率。

七、思考题

(1)细胞的冻存与复苏过程应注意哪些关键步骤?
(2)复苏细胞培养过程中,如何判定死亡细胞和未贴壁的正常细胞?

实验二十九　PEG 介导的动物细胞融合技术

真核细胞通过介导和培养，两个或多个细胞合并成一个双核或多核细胞的过程称为细胞融合(cell fusion)或细胞杂交(cell hybridization)。人工的细胞融合开始于 20 世纪 50 年代，60～70 年代作为一门新兴的技术，发展非常快，应用范围也极为广泛，不仅同种类细胞间可以融合，种间远缘细胞也能融合。细胞与组织不同，不排斥异类、异种细胞，动物细胞如此，植物细胞也是如此。基因型相同的细胞融合成的杂交细胞称为同核体(homokaryon)；来自不同基因型的杂交细胞则称为异核体(heterokaryon)。

目前，诱导细胞融合的方法有三种：病毒(Okada，1958)、聚乙二醇(polyethylene glycol，PEG)(Pontecorvo，1975)和电激(Zimermann，1980)。副黏病毒科的病毒，如副流感病毒(Sendai virus)和新城鸡瘟病毒，目前在其被膜中发现了两种糖蛋白。较大的一种具有黏附细胞和凝血的作用；较小的一种称为融合蛋白(fusion protein)，可介导病毒同宿主细胞融合，也可诱导细胞与细胞融合。人工利用病毒诱导细胞融合即是利用病毒的这一特性，使用时先用紫外线将病毒灭活，稀释到一定浓度加入到细胞悬液中，诱导细胞融合。而后两种方法则是利用化学和物理手段，暂时使质膜脂类分子的有序排列发生改变，待去掉作用因素之后，质膜恢复原有的有序结构，在恢复过程中便可诱导相接触的细胞发生融合。

细胞融合不仅可用于生物学的基础理论研究，而且在生产实践上还有重要的应用价值，如目前在单克隆抗体的制备、核质关系、体细胞的遗传和发育、新品种的培养、免疫作用、疾病的治疗和性状的改良、潜伏病毒的研究等方面，已取得了显著的成绩。

一、实验目的

(1)通过 PEG 介导的鸡血细胞融合实验，对体细胞融合有一个清楚的概念。

(2)初步掌握利用 PEG 介导动物细胞融合的实验技术。

二、实验原理

利用 PEG 介导动物细胞融合的原理到目前为止还没有完全定论。学者们一般认为,PEG 改变各类细胞的膜结构,使两细胞相互接触部位的膜脂双层中磷脂分子发生疏散,进而使其结构发生重排,再加上膜脂双层的相互亲和以及彼此间表面张力的作用,引起相邻的重排质膜在修复时相互合并在一起,使两细胞的胞质沟通,从而造成相互接触的细胞之间发生融合。

利用 PEG 介导细胞融合,其融合效果受以下几种因素的影响。

1. PEG 的分子量与浓度

细胞融合效果与 PEG 的分子量及其浓度成正比;但 PEG 的分子量越大、浓度越高,对细胞的毒性也就越大。为了兼顾二者,在实验时常常采用的 PEG 分子量一般为 1 000~4 000,浓度一般为 40%~60%。

2. PEG 的 pH 值

经验证,PEG 的 pH 值在 8.0~8.2 之间融合效果最好。

3. PEG 的处理时间

处理时间越长,融合效果越好,但对细胞的毒害也就越大。故一般将处理时间限制在 1 分钟之内。本实验中细胞融合后无需继续培养,故处理时间可适当放宽至数分钟。

4. 融合时的温度

由于生物膜的流动性与温度成正比,故细胞的融合效果也与温度成正比。因此,为了获得更好的融合效果,在细胞可能承受的温度范围内可适当提高处理的温度。对于哺乳动物的细胞,一般采用的温度为 38℃~40℃。

本实验所用材料为鸡的血细胞,这是因为:①鸡血细胞具有细胞核,便于对融合细胞进行鉴别;②实验材料便宜、易得。细胞融合与否,可通过观察细胞内核的数目来进行鉴别。细胞内只有 1 个核,定为未融合细胞;有 2 至多个核,定为融合细胞。

三、实验用品

1. 材料

新鲜鸡血。

2. 试剂

(1)Alsever 液:

葡萄糖(Glucose)	2.05 g
枸橼酸钠	0.8 g
氯化钠(NaCl)	0.42 g
重蒸水	至 100 mL

(2) 0.85%生理盐水。
(3) GKN 液：

氯化钠	8 g
氯化钾(KCl)	0.4 g
$Na_2HPO_4 \cdot 2H_2O$	1.77 g
$NaH_2PO_4 \cdot H_2O$	0.69 g
葡萄糖	2 g
酚红(phenolred)	0.01 g

溶于 1 000 mL 重蒸水中。

(4) 50% PEG 液（现用现配）：根据实验需要，称取适量 PEG(Mr. 4000)放入刻度离心管内，在酒精灯上将其加热熔化，待冷却至 50℃，加入等体积的已预热至 50℃的 GKN 液并充分混匀。

3. 器材

(1) 主要设备：普通离心机、普通光学显微镜。
(2) 小型器材：100 mL 量筒，滴管，10 mL 刻度离心管，载玻片、盖玻片。

四、实验方法

(1) 注射器内先吸入 2 mL Alsever 液，再从活鸡的翼下静脉抽取鸡血 2 mL，注入试管内，再加入 Alsever 液 6 mL，使之成为 1∶4 悬液，混匀后放在 4℃冰箱中，可使用 3～4 天。

(2) 取出上述悬液 1 mL 加入 0.85%生理盐水 4 mL，混匀后，1 200 r/min 离心 5 分钟，除去上清液后，再以上述离心速率重复离心两次（第一次 5 分钟，第二次 10 分钟），以达到去除细胞表面黏附物质的目的。

(3) 去除上清液后，将最后一次离心沉降的血球，加入适量 GKN 液，使之成为 10%的细胞悬液。

(4) 取上述悬液，以血球计数法计数，再用 GKN 液将红细胞的浓度稀释至 $3×10^4 \sim 4×10^4 /m^3$。

(5) 取上述调整后的血球悬液 1 mL，加入 0.5 mL 50%的 PEG 液混匀，吸取 1～2 滴，滴到一干净的载玻片上，在常温下 2～3 分钟后即可加上盖玻片进行镜检,并计算出融合率。

五、实验结果

经 PEG 处理后,在显微镜下,可观察到未融合的单核细胞、融合后的双核细胞和融合后的多核细胞。

细胞的融合率指在显微镜的视野内,已发生融合的细胞的核的总数与此视野内所有细胞的细胞核总数之比。可用如下公式表示:

$$融合率 = \frac{视野内融合细胞的核数}{视野内细胞的总核数} \times 100\%$$

在实验中统计融合率时,要进行多个视野计数,然后再加以平均,以使计算更为准确。

六、作业

(1)绘出你所观察到的融合细胞的形态,并计算出细胞融合率。
(2)请你写出细胞融合实验操作中应该注意的有关事项。

七、思考题

(1)细胞融合方法主要有哪几类?各有何优缺点?
(2)PEG 法诱导细胞融合的影响因素有哪些?
(3)本实验中所用的 PEG 融合方法能否用于植物细胞?为什么?
(4)本实验的材料为什么不用兔子或小鼠的血细胞?如果因实验需要必须选用小鼠血细胞作为实验材料,应如何对融合细胞进行鉴别?请你根据目前所掌握的知识谈谈你所能设想到的鉴别方法。

实验三十　单克隆抗体制备的杂交瘤技术

杂交瘤技术是 1975 年 Kohler 和 Milstein 用于制备单克隆抗体而创建的一项重要技术，被誉为"免疫学上的一次革命"。此技术被广泛用于各种单克隆抗体的制备。

抗体是由 B 淋巴细胞分泌的，一个 B 淋巴细胞只能分泌一种抗体。把 B 淋巴细胞和骨髓瘤细胞融合，即可形成在体外长期存活并分泌抗体的杂交瘤细胞。如果把单个杂交瘤细胞克隆化，扩增传代，其分泌的抗体即为高度纯一的单克隆抗体。单克隆抗体具有高度专一性，一种单克隆抗体只能结合一种特定的抗原决定簇。正是由于其这种高度专一性，因此被广泛用于疾病的论断和治疗，生物大分子的鉴定、定位和分离纯化，以及一些细胞器、特定细胞或病毒的鉴定、定位和分离等方面，具有极其远大的应用前景，因此，用于制备单克隆抗体的杂交瘤技术也变得越来越重要，应用范围越来越广。

一、实验目的

(1) 掌握杂交瘤技术的基本原理和基本操作方法。
(2) 能运用杂交瘤技术来制备自己的单克隆抗体。

二、实验原理

杂交瘤技术的建立基于以下三种关键技术。

1. 动物免疫

动物体内的 B 淋巴细胞在特定外来抗原的刺激下，可以大量增殖变成浆细胞以分泌针对于该抗原的抗体。脾内不同的 B 淋巴细胞可分泌针对不同抗原的抗体。当受到特定外来抗原刺激时，相应的 B 淋巴细胞便大量增殖以分泌相应的特异性抗体。动物免疫的作用就是用特定物质外为抗原对动物进行一次或多次免疫，以刺激能分泌针对于该抗原抗体的 B 淋巴细胞大量增殖，从而得到大量专一的 B 淋巴细胞。

2. 细胞融合

B 淋巴细胞受外来抗原刺激后可以分泌抗体，但它在体外存活很短时间

（最多两周）后即死亡；而骨髓瘤细胞不分泌任何免疫球蛋白，却能在体外长期存活。如果能将这两种细胞的特性结合起来，我们就能得到既能分泌抗体又能在体外长期存活的细胞。

脾脏是动物体内 B 淋巴细胞集中的最大免疫器官，取出脾细胞（B 淋巴细胞）和骨髓瘤细胞融合后，能产生五种细胞类型：未融合的脾细胞和骨髓瘤细胞、自身融合的脾细胞和骨髓瘤细胞，以及脾细胞和骨髓瘤细胞融合形成的杂交瘤细胞。其中杂交瘤细胞才是我们需要的，因此就要设法将此杂交瘤细胞从上述细胞混合液中挑选出来。

3. 杂交瘤细胞的筛选

在细胞融合后，要从上述五种细胞中筛选出杂交瘤细胞，一般使用 HAT 培养基进行筛选，HAT 培养基中含有次黄嘌呤（H）、氨基喋呤（A）和胸腺嘧啶（T）三种成分。细胞的 DNA 合成有内源性途径（主要途径）和外源性途径（旁路途径）两种方式。内源性途径就是利用谷氨酰胺或单磷酸尿苷酸在二氢叶酸还原酶的催化下来合成 DNA；而外源性途径则是利用次黄嘌呤或胸腺嘧啶在次嘌呤鸟嘌呤磷酸核糖转移酶（Hypoxanthine guznine phosphoribosyl transferase，HGPRT）或胸腺嘧啶激酶（thymidine kinase，TK）的催化下来补救合成 DNA，HAT 培养基中氨基喋呤是二氢叶酸还原酶的抑制剂，能有效地阻断 DNA 合成的内源性途径。B 淋巴细胞具有 HGPRT 和 TK 这两种酶，因此在内源性途径被阻断后仍能利用 HAT 培养基中的次黄嘌呤和胸腺嘧啶来合成 DNA，可在 HAT 培养基中存活，但 B 淋巴细胞是正常细胞，故不能长期存活。杂交瘤技术中所使用的 SP2/0-Ag14 骨髓瘤细胞为 HGPRT-和 TK-缺陷型，缺乏 HGPRT 和 TK 这两种酶，在内源性途径被阻断后不能进行 DNA 的外源性合成，故不能在 HAT 培养基中存活。杂交瘤细胞由于继承了 B 淋巴细胞和骨髓瘤细胞的双重特性，能够合成 HGPRT 和 TK，故在 HAT 培养基中能长期存活。因此将融合后的混合细胞在 HAT 培养基中培养两周后，只有杂交瘤细胞能存活下来，成为制造单克隆抗体的细胞源。

三、实验用品

1. 材料

8~12 周龄 BALB/c 纯系小鼠 10 只；SP2/0-Ag14 骨髓瘤细胞；灭活人轮状病毒（用作抗原）。

2. 试剂

RPMI 1640 培养基，小牛血清（FCS），GKN 液，50%PEG 液，HT 培养液，

HAT 培养液,0.5%台盼蓝,1 mol/L NaOH,1 mol/L HCl,包被液,底物反应液,辣根过氧化物酶标记的羊(或兔)抗鼠 IgG,青霉素,链霉素。

各种试剂配方如下：

(1) RPMI 1640 基本培养液：RPMI 1640 粉 10 g,青、链霉素各 10 万单位,加三蒸水最终至 1 000 mL,用 1 mol/L NaOH 和 1 mol/L HCl 将 pH 值调至 7.0,用 0.22 μm 滤膜抽滤除菌,分装冻存备用。

(2) RPMI 1640 完全培养液：

RPMI 1640 基本培养液	80 mL
无菌的灭活小牛血清(FCS)	20 mL

(新鲜小牛血清在 56℃灭活 30 分钟后,抽滤除菌)

(3) 100×HT 母液：

次黄嘌呤(H)	136.1 mg
胸腺嘧啶(T)	38.8 mg
三蒸水	100 mL

于 50℃溶解后,用 0.22 μm 滤膜抽滤除菌,分装冻存备用。

(4) 100×A 母液：

氨基喋呤(A)	1.76 g
三蒸水	90 mL

滴加 1 mol/L NaOH 至完全溶解,再用 1 mol/L HCl 调 pH 值至 7.5,加三蒸水至 1 000 mL,用 0.22 μm 滤膜抽滤除菌,分装冻存备用。

(5) HT 培养液：

RPMI 1640 完全培养液	1 000 mL
100×HT 母液	10 mL

(6) HAT 培养液：

RPMI 1640 完全培养液	1 000 mL
100×HT 母液	10 mL
100×A 母液	10 mL

(7) GKN 液：

配方同实验二十九,所不同的是需用 0.22 μm 滤膜抽滤除菌。

(8) 50% PEG(聚乙二醇)溶液：取分子量为 1 000 的 PEG 5 g 用高压灭菌融化,冷却至 50℃时加入等体积的已预热至 50℃的无菌 GKN,充分混匀后分装冻存备用。在融合时用 1 mol/L NaOH 调 pH 值至 8.0~8.2。

(9) 包被液：

Na_2CO_3	1.59 g

NaHCO₃　　　　　　　　　　　　　　　　2.93 g

加蒸馏水至 1 000 mL,完全溶解后置 4℃保存备用。

(10) PBSS-Tween20 缓冲液:

　　　NaCl　　　　　　　　　　　　　　　　　8.0 g
　　　Na₂HPO₄·12H₂O　　　　　　　　　　 2.9 g
　　　KH₂PO₄　　　　　　　　　　　　　　　0.2 g
　　　KCl　　　　　　　　　　　　　　　　　0.2 g
　　　Tween 20　　　　　　　　　　　　　　0.5 mL

加蒸馏水至 1 000 mL,完全溶解后置 4℃保存备用。

(11) 底物缓冲液:

A 液:0.1 mol/L 柠檬酸。

B 液:0.2 mol/L Na₂HPO₄。

取 A 液 24.3 mL + B 液 25.7 mL,加入蒸馏水至 100 mL。

(12) 底物反应液(使用液):

　　　底物缓冲液　　　　　　　　　　　　　100 mL
　　　邻苯二胺(OPD)　　　　　　　　　　　40 mg
　　　过氧化氢(H₂O₂)　　　　　　　　　　 150 mL

3. 器材

(1) 主要设备:无菌室一间(或超净台一台),普通离心机一台,倒置显微镜一架,酶联免疫检测仪一台,CO₂ 恒温培养箱一台,恒温水浴一台,高压灭菌锅一个。

(2) 小型器材:血细胞计数板 2 块,25 mL 和 50 mL 培养瓶 20 个,96 孔和 24 孔培养板各 10 块,40 孔酶标板 20 块,50 mL 塑料离心管 6 支,10 mL 玻璃离心管 10 支,1 mL、5 mL 和 10 mL 吸管各 4 支,6 cm 培养皿 2 套,100 mL 和 50 mL 培养液瓶 10 个,1 mL、5 mL 和 10 mL 注射器各 2 支,小滴管 8 支,玻璃套管 4,中、小型手术剪刀各 2 把,中、小型手术镊各 2 把,6 号针头 8 个,L 型 6 号针头 2 个,500 mL 和 1 000 mL 杯各 2 个,酒精灯 1 盏,不锈钢网(55 cm 200 目) 2 块,解剖盘 2 个,培养液抽滤灭菌装置 1 套,橡皮塞若干,70% 酒精棉若干。

四、实验方法

杂交瘤的制备一般应包括动物免疫、细胞融合及 HAT 筛选、抗体的检测和克隆化几个基本操作步骤(图 30-1)。

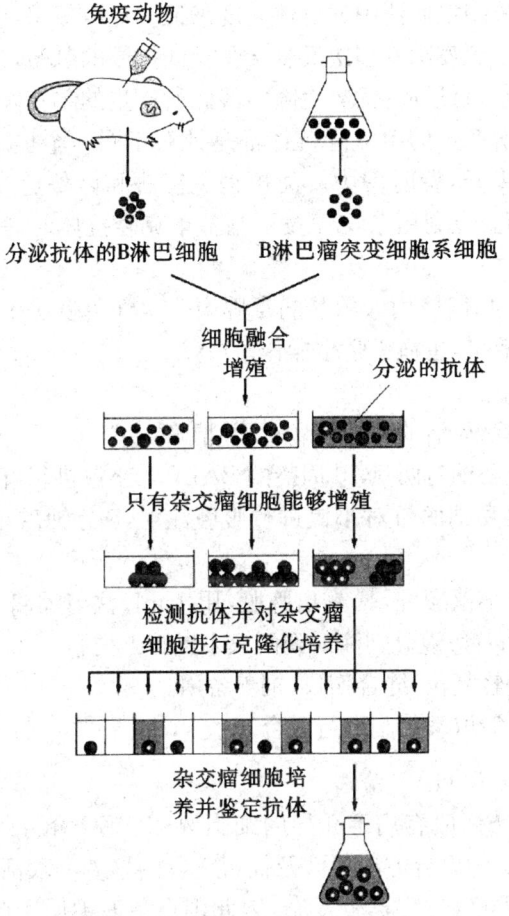

图 30-1　杂交瘤制备流程图

（一）动物免疫

动物免疫的方法很多，一般有常规免疫法、脾内一次性免疫法、短程免疫法和体外免疫法等。脾内一次性免疫法具有用量少、免疫程序短、不加佐剂且所得单克隆抗体的特异性较高等特点。

由于脾内一次免疫抗原刺激后数日内就进行细胞融合，因此不存在所谓"优势克隆"的问题，从而更容易获得多种不同特异性的单克隆抗体，也能有助于筛选出差别微小的两种抗原的单克隆抗体。但该方法的缺点是：其免疫效果要待杂交瘤筛选时才能明了，因此在实验时有一定的随机性；此外对一些免疫原性较差的抗原决定簇的单克隆抗体的筛选较困难。常规免疫法比较可靠，由于在融合前能通过测定血清中的抗体滴度来证实免疫效果,因此实验成功的把握性较大。但由于免疫动物多次反复接受相同抗原的刺激,使某些特定的淋巴细胞克隆大量增殖,易形成"优势克隆",因此所产生的单克隆抗体的种类较少,很可能多个克隆所产生的单克隆抗体都是针对于同一个抗原决定簇的。此外此法的免疫程序太长,费时费力。而短程免疫法和体外免疫法均各有其优缺点,在此不再介绍。在利用杂交瘤技术制备单克隆抗体时,一般采用常规免疫法。

在本实验中,我们使用人轮状病毒脾内一次性免疫法来免疫动物,以达到快速简便的实验效果,也适于学生操作。

具体方法如下:

(1)纯化分离已灭活的人轮状病毒,并精确定量。

(2)用戊巴比妥钠对两只10周龄的BALB/c小鼠进行麻醉,按每克体重注射0.05 g戊巴比妥钠的量对小鼠进行腹腔注射,5分钟后小鼠即进入昏迷状态。

(3)无菌打开小鼠腹腔,暴露出脾脏,用1 mL注射器将含有30 ng的0.1 mL抗原(人轮状病毒)液分别注射到两只小鼠脾脏内。

(4)将脾脏轻轻复位,缝合伤口,饲养备用。

(5)免疫三天后取脾细胞进行融合。

(二)细胞融合及HAT筛选

细胞融合方法一般有病毒介导的细胞融合、PEG介导细胞融合及电融合等。病毒介导的细胞融合方法要涉及仙台病毒的培养和灭活,尤其是仙台病毒的培养条件要求严格,过程比较复杂,因此现在一般不使用此方法。电融合为20世纪80年代刚刚兴起的一种融合方法,它除需要昂贵的电融合仪外,另外还需要特定的技术条件。目前最常使用的融合方法是PEG介导的细胞融合方法,该方法具有操作简便、快速省时且融合效果好等优点。本实验使用的是一种快速PEG介导的融合方法,具体操作如下:

1. 细胞悬液的制备(均在无菌条件下操作)

在杂交瘤技术中要使用三种细胞悬液,即脾细胞悬液、SP2/0-Ag14骨髓瘤细胞悬液和腹腔巨噬细胞(用作饲养细胞)悬液。

(1)脾细胞悬液的制备:取已免疫BALB/c小鼠,于免疫后第三天用眼球放血法处死(收集流出血液制备阳性血清),用70%酒精浸泡5分钟后,无菌打开腹腔,取出脾脏,去除多余的脂肪组织,用37℃ GKN液清洗2~3次。向脾内注射0.2 mL GKN液后(使脾脏膨胀以利于细胞散开),放入培养皿中,加入

5 mLGKN液,用L型6号针头将脾细胞轻轻挤出,用吸管吹打数次以使细胞散开成单细胞状态。用不锈钢网将此细胞悬液过滤到一个50 mL塑料离心管中,再加入10 mL GKN液,混匀后,1 000 r/min离心5分钟,弃上清液,用10 mL GKN液重新悬浮细胞,取0.1 mL均匀细胞悬液进行活细胞计数,其余细胞悬液在37℃下保存备用。

(2)SP2/0-Ag14细胞悬液的制备:将SP2/0-Ag14细胞用RPMI 1640完全培养液作增殖培养,每天传代一次,连续传代3天,使细胞在融合时达到对数生长期。取3~5瓶(50 mL的培养瓶)SP2/0-Ag14细胞,倾去原来的培养上清液,每瓶加入37℃ GKN液4 mL,将细胞悬浮起来,收集各瓶中细胞液放入一个50 mL塑料离心管中,1 000 r/min离心5分钟(为省时可同脾细胞一同离心),弃去上清液,用10 mL 37℃ GKN液将细胞悬浮均匀,取0.1 mL用于活细胞计数,其余悬液放37℃下保存备用。

(3)腹腔巨噬细胞悬液的制备:杂交瘤细胞开始生长时,需要有饲养细胞,一般用腹腔巨噬细胞作为饲养细胞。

取12周龄BALB/c小鼠,拉颈处死,浸入70%酒精中消毒5分钟。在解剖盘中无菌打开腹部皮肤,暴露出腹膜,向腹腔中注入10 mL RPMI 1640完全培养液,按摩腹部1~2分钟后,用注射器抽出腹腔液(一般可抽出8~9 mL),放入一个50 mL塑料离心管中,置37℃下备用。一般一只小鼠取出的腹腔巨噬细胞可接种3~5块24孔或96孔培养板。可根据需要接种的培养板数来确定所使用饲养细胞的量。

2. 细胞融合及HAT筛选(在无菌条件下操作)

(1)将已计数脾细胞和SP2/0-Ag14骨髓瘤细胞按6∶1的数量比例混合于一个50 mL塑料离心管中,1 000 r/min离心5分钟。

(2)弃上清液,轻弹离心管底部,使沉淀细胞松散,放40℃下预热1~2分钟。

(3)向已预热的离心管中边摇边在45秒内匀速加入1 mL 50% PEG溶液。

(4)立即在90秒内边摇边向管内加速加入15 mL 37℃ GKN液,放室温下静置10分钟。

(5)1 000 r/min离心10分钟,弃上清液。

(6)向离心管中加入37℃腹腔巨噬细胞悬液和40 mL 37℃的HAT培养液,悬浮均匀。

(7)将细胞悬液分种于两块24孔板(0.5毫升/孔)和两块96孔板(0.2毫升/孔)中,放37℃ 5% CO_2培养箱中培养。

(8)每天观察细胞的生长情况。

(9)于融合后第5天,用HAT培养液半量换液;于第10天用HT培养液半量换液;于第14天用HT培养液全量换液。

(10)当杂交瘤细胞长满孔底面积的1/2～2/3时,即可取培养上清液进行抗体检测。

(三)抗体的检测

杂交瘤技术所使用的抗体检测方法必须具有简便、快速、敏感,而且能在短时间内检测大量样品的特点。常用的方法有酶联免疫吸附法(enzyme linked immunosorbent assay, ELISA)、间接免疫荧光法(Indirect immunofluorescence, IIF)、放射免疫法(radioimmunoassay, RIA)和双相扩散法等。间接免疫荧光法需要使用荧光显微镜,价格昂贵,灵敏度也较低,而且不能用于可溶性抗原的抗体检测,但其优点是能进行反应的定位。放射免疫法操作较复杂,所用的液体闪烁仪及制剂价格昂贵,但其灵敏度较高。而酶联免疫吸附法则操作简便快速、灵敏度高(0.5 ng/mL),且适于大规模操作,它需要酶联免疫检测仪,价格较便宜。双相扩散法操作简单,不需要昂贵仪器,实验周期也较短,但灵敏度较低,一般可用于抗体的初步检测。

在杂交瘤技术中常常使用酶联免疫吸附法和双相扩散法。下面分别介绍一下。

1. 酶联免疫吸附法

(1)将纯人轮状病毒用包被液稀释,使该病毒浓度为10 μg/100 μL。

(2)将此浓度抗原液按每孔100 μL的量分别加入40孔酶标板孔中,轻轻震荡使液体覆盖孔底。

(3)把酶标板放4℃过夜(或37℃孵育1~2小时)进行包被。

(4)取出包被好的酶标板,倾去其中液体,用PBSS-Tween20缓冲液洗涤酶标板孔,每次洗3分钟,共洗3次。

(5)每孔加入含1%小牛血清白蛋白(BSA)的PBSS-Tween20缓冲液至孔满,室温下封闭30分钟。

(6)甩去封闭液,用PBSS-Tween20缓冲液洗3次,每次3分钟。

(7)每孔加入待测杂交瘤培养上清液100 μL。留出4孔加入100 μL阳性血清作为阳性对照,4孔加入100 μL HT培养液作为阴性对照,4孔加入PBSS-Tween20缓冲液100 μL作为空白对照。

(8)放37℃恒温恒湿水浴中孵育60～90分钟。

(9)甩去待测上清液及对照液,用PBSS-Tween20缓冲液清洗5次,每次3

分钟。

(10)每孔加入 100 μL 按 1∶500 稀释的标有辣根过氧化物酶的羊(或兔)抗鼠 IgG,37℃孵育 60 分钟。

(11)甩去酶标二抗液,用 PBSS-Tween20 缓冲液清洗 5 次,每次 3 分钟。

(12)每孔加入 100 μL 邻苯二胺底物反应液,室温暗处反应 30 分钟。

(13)每孔加入 1 滴 2 mol/L H_2SO_4 以终止反应,用酶联免疫检测仪进行结果检测。呈现棕褐色反应者为阳性反应。检测出上清液为阳性的培养板孔即为阳性孔,可进行克隆化实验。

2. 双相扩散法

(1)用含有 0.01% NaN_3 和 1‰琼脂的磷酸盐缓冲液倒平板,每块 9 cm 培养皿倒入约 8 mL。

(2)用打孔器在倒好的琼脂平板上均匀打 7 个孔,中央一孔的孔经为 4 mm,周围 6 孔的孔经为 6 mm,中央孔与周围孔的间距为 8～10 mm。

(3)中央孔加入待测的杂交瘤培养上清液至孔满,周围孔也分别加入羊(或兔)抗鼠二抗 IgG1、IgG2a、IgG2b、IgG3 和 IgM 的标准抗体制品至孔满。吸干待测孔中的液体后将培养皿倒置。

(4)40℃放置 5～7 小时或 37℃过夜。

(5)取出琼脂板观察结果,出现沉淀线可初步判定为免疫反应呈阳性,另外还可根据沉淀线的位置来确定所含抗体的类型。

(6)有阳性免疫反应的培养上清液原来所在的培养孔即为阳性孔,可进行克隆化实验。

(四)克隆化（在无菌条件下操作）

对阳性孔中的杂交瘤细胞进行克隆化培养的方法一般有有限稀释法、软琼脂平板法和显微操作法等。软琼脂平板法操作比较繁琐,特别是在大量克隆化培养时需要制备很多平板,费时费力。而显微操作法需要使用显微操纵仪,价格昂贵,而且不适于大量样品克隆化。但有限稀释法却具有简便快速且适于大规模操作等优点,因此在杂交瘤细胞的克隆化操作中常常使用这种方法。

有限稀释法的具体方法如下：

(1)将阳性孔中的杂交瘤细胞吹打成均匀悬液,取 0.1 mL 进行活细胞计数。

(2)用含有腹腔巨噬细胞的 RPMI 1640 完全培养液对杂交瘤细胞进行梯度稀释,使其浓度分别为每毫升 50 个细胞、15 个细胞、5 个细胞。

(3)把三种稀释度的杂交瘤细胞悬液分种于 3 块 96 孔培养板中(0.2 毫升/

孔)。

(4)置 37℃ 50%CO_2 孵箱中培养。

(5)培养到第五天便可看到较小的细胞克隆,待单细胞克隆长满孔底面积的 $\frac{1}{3} \sim \frac{1}{2}$ 时,再进行抗体检测。阳性孔中的单克隆杂交细胞即为阳性克隆,所分泌的抗体即为单克隆抗体。

获得单克隆杂交瘤细胞后,可通过免疫交叉实验来确定其所分泌的单克隆抗体是不是人轮状病毒所特有的。没有交叉反应的单克隆抗体即可用于人轮状病毒的临床论断和治疗。有必要时可进行再克隆实验,以建立能稳定分泌特异性单克隆抗体的杂交瘤细胞株。

五、实验结果

1. 免疫效果的初步观察

在细胞融合前取出脾脏时,如果脾脏比正常状态明显膨大,则说明有免疫效果,用此脾脏的脾细胞进行细胞融合成功的可能性较大;如果脾脏无明显膨大则说明免疫效果不佳,可及时终止实验,以免浪费人力物力而一无所获。

2. 融合结果的观察

细胞融合后,将培养板置倒置显微镜下观察,则可看到各种类型的细胞,有未融合的脾细胞和 SP2/0-Ag14 骨髓瘤细胞,也有融合细胞。在融合细胞中,有的已完成融合过程,变成了融合细胞,有的仍然呈哑铃形,在高倍镜下仔细观察即可分辨出细胞中有两个核,可以计算一下融合率来判定融合效果。

在融合后第 3~5 天,便可看到 SP2/0-Ag14 骨髓瘤细胞大量死亡。死亡细胞逐渐变得不透明,最终解体,丧失贴壁性,从孔底脱落,经换液可清除部分死亡细胞以免影响活细胞的生长。培养孔中较大的透亮细胞为杂交瘤细胞。脾细胞较小,在融合后第 14 天左右开始大量死亡,经换液可去除部分死亡细胞以减少对活细胞的毒害作用。

在融合后第 5 天左右便有杂交瘤细胞开始分裂,从而出现一些较小的细胞克隆,一个培养孔往往会出现多个细胞克隆。

3. 克隆化结果的观察

在克隆化后第 5 天左右即可看到小的细胞克隆,检查培养板并标出含有单个细胞克隆的培养孔。单细胞克隆的外形应为球形,形状非球形的细胞团则可能不是单细胞克隆。

六、作业

(1) 细胞融合后,各种类型的细胞在倒置显微镜下形态如何?
(2) 骨髓瘤细胞和脾细胞分别于融合后什么时间开始大量死亡?为什么?

七、思考题

1. 为什么要进行杂交瘤细胞的克隆化培养?
2. 单细胞克隆有何形态特征?如何判定一个细胞团是不是单克隆细胞?

实验三十一 动物细胞转基因技术

将人工分离和修饰过的基因导入到生物体基因组中,由于导入基因的表达,引起生物体性状的可遗传的修饰,这一技术称之为转基因技术。人们常说的"遗传工程"、"基因工程"、"遗传转化"均为转基因的同义词。转基因动物(transgenic animal)最早的典型例子就是1982年由美国华盛顿大学Palmiter等报告的"超级小鼠"。他们将大鼠生长激素基因导入小鼠受精卵,所生7只子代小鼠中有6只生长加快,体重明显增加,这就是所谓的"超级小鼠"(supermouse)诞生了。"超级小鼠"的出现轰动了整个生命科学界,标志着哺乳动物基因工程的成熟。它的科学意义至少有四点:一是证实了"中心法则"(即DNA→RNA→蛋白质的遗传信息传递过程)的概念在哺乳动物体内仍然适用;二是物种之间的生殖隔离被打破;三是找到了一条按照人们意愿定向改造哺乳动物遗传性状的有效途径;四是有了一套集分子水平、细胞水平和活体动物水平于一体的全新的综合研究体系。由于转基因小鼠的建立比其他大型转基因哺乳动物的建立要省时、省力,因此转基因小鼠作为生命科学研究的一个新体系已经得到越来越广泛的应用。

采用转基因动物这套研究体系,能做到通过对基因的操作,然后在RNA、蛋白质、形态学和生理学等不同水平直接观察所研究的基因在活体内的活动情况以及其表达产物所引起的表型效应。所以,它既能有效地将复杂的生物学问题分解为多个因素分别考察,也能将涉及多系统或多学科的问题集中到同一个体内综合考察,这就使以前看来是难以想象的、甚至是不可能的复杂生命现象的研究变得相对简单易行。而且转基因动物是一个四维体系,可从不同时间、不同水平、多阶段、整体研究生命现象,而且是在活体动物中进行的,类似于人体内的各种背景因素仍然存在,因此,通过这套体系所得出的研究结论通常具有很高的真实性。

应用上,可将转基因动物作为生物工厂(Biofactories),如以转基因小鼠生产凝血因子IX、组织型血纤维溶酶原激活因子(t-PA)、白细胞介素2、α-1-抗胰蛋白酶,以转基因绵羊生产人的α-1-抗胰蛋白酶,以转基因山羊、奶牛生产LAt-PA,以转基因猪生产人血红蛋白等,这些基因产品具有高效、优质、廉价、与相应的人体蛋白具有同样的生物活性,且多随乳汁分泌,便于分离纯化,具有较好的应用前景。

一、实验目的

(1)通过动物细胞转基因实验,对转基因技术有一个清楚的概念。
(2)掌握反转录病毒载体介导基因转导的基本实验技能。

二、实验原理

根据研究对象的不同,转基因技术可分为植物转基因技术和动物转基因技术等。常用的植物转基因方法按其是否需要通过组织培养再生植株可分成两大类,第一类需要通过组织培养再生植株,常用的方法有农杆菌介导转化法、基因枪法;另一类方法不需要通过组织培养,目前比较成熟的主要有花粉管通道法。常用的动物转基因方法有物理学方法、化学方法和生物学方法。

1. 物理学方法

(1)显微注射法:在显微镜下,用一根极细的玻璃针(直径 1~2 μm)或借助显微操作仪直接将 DNA 注射到靶细胞的细胞核内,其受体细胞主要是体积较大的受精卵细胞,这也是转基因动物常用的方法之一。用贴壁培养的体细胞作为受体细胞,注入核内的外源基因大约有 25% 整合到受体细胞染色体中,并稳定表达。操作熟练十分重要,用电脑控制的微注射装置,每小时可注 1 500 个细胞。

(2)电穿孔法:在高压电场的短暂作用下,细胞膜上可出现短暂的孔洞,外源 DNA 可通过此孔洞进入胞内。此方法适应于不同的细胞如细菌、酵母、植物和动物细胞。需电穿孔仪。此法可将 150 kb 的 DNA 分子转入灵长类的动物细胞中。

(3)基因枪法:又称为微抛射物撞击法或颗粒加速法等。将 DNA 吸附到高黏度微小的金属颗粒上,在一种加速装置的作用下,将这些颗粒高速射入细胞或组织中,实现 DNA 的转移。广泛应用于细菌、酵母、真菌、藻类、植物和动物细胞,甚至离体组织器官的基因转移。

2. 化学方法

(1)脂质体转染法:脂质体是一种人造的封闭磷脂膜,强极性 DNA 分子可被包裹在脂质体内部的水相。在融合剂(如 PEG)的作用下,靶细胞与装载 DNA 的脂质体融合,通过胞吞作用将脂质体摄入胞内。

(2)DNA 磷酸钙共沉淀法(略)。

(3)DEAE 右旋糖酐法(略)。

(4) 金属离子转移法（略）。

(5) 原生质体融合法（略）。

3. 生物学方法

(1) 精子载体法：它是利用哺乳动物的获能精子能结合外源 DNA 的特性，通过受精过程把外源 DNA 导入受精卵，获得转基因动物。它的优点是方法简单，转基因效率高。缺点是效果不稳定，外源 DNA 分子可能会受到受精液中内切酶的作用而影响整合后的功能。

(2) 反转录病毒感染法：反转录病毒是双链 RNA 病毒，它侵染细胞后可通过自身的反转录酶以 RNA 为模板反转录成 DNA，再整合到宿主细胞基因组。在利用病毒载体转基因时，首先要对病毒基因组进行改造，将外源基因插入到病毒基因组致病区，然后用此病毒感染细胞，即可对细胞进行遗传转化。反转录病毒载体具有穿透细胞的能力，可使近 100% 的受体细胞被感染，转化细胞效率高，而且它能感染广谱动物物种和细胞类型，无严格的组织特异性。但由于病毒自身含有病毒蛋白及癌基因，有使宿主细胞感染病毒和致癌的危险性。因此，人们有目的地将病毒基因和癌基因除去，仅留外壳蛋白，以保留其穿透细胞的功能。

反转录病毒基因转移技术包括包装细胞系和反转录病毒表达载体。包装细胞系是通过将病毒结构蛋白基因 gag, pol 和 env（是病毒颗粒形成、复制所必需的）导入细胞，从而使其具有这些基因的稳定细胞系；但是这些细胞系不含编码结构蛋白的病毒 RNA 上的包装序列 ψ，因此包装细胞系产生的是不含 gag, pol 和 env 的病毒颗粒。反转录病毒表达载体提供了包装序列 ψ，转录及加工信号和一个目标基因插入位点。将反转录病毒载体转化进入包装细胞，将产生高滴度、不能完全复制的病毒颗粒。

反转录病毒作为基因转移的载体有如下特点：①反转录病毒感染细胞的效率高，基因转移率为 10%～100%；②病毒基因转移能将外源基因整合到宿主细胞基因组中，外源基因能稳定存在而不丢失；③外源基因整合的拷贝数一般只有一个；④反转录病毒只选择感染分裂细胞；⑤病毒可容纳外源基因的 DNA 长度小于 8 kb。

三、实验用品

1. 材料

包装细胞系（293 细胞），反转录病毒质粒 DNA，靶细胞系（NIH-3T3 细胞）。

2. 试剂

(1) 293 生长培养基：MEM, 10% 热灭活马血清。

(2) 2 mol/L $CaCl_2$：73.5 g $CaCl_2 \cdot 2H_2O$，加重蒸水至 1 L。

(3) Hepes-缓冲液 (HeBs) (mmol/L)：HEPES 24.5 g，NaCl 101 g，KCl 13 g，NaH_2PO_4 2.5 g，$CaCl_2$ 1.8 g，$MgCl_2$ 1.2 g，葡萄糖 11.5 g，2% MEM，pH 值为 7.4。

(4) polybrene：在 PBS 中配置 4mg/mL 的 polybrene 储存液，并用 0.2 μm 滤膜过滤，在 4℃或 -20℃储存。

(5) 成纤维细胞培养基：RPMI 1640，10% 热灭活的胎牛血清，100 U/mL 青霉素，100 μg/mL 链霉素。

3. 器材

5% CO_2 培养箱，组织培养操作橱，恒温培养箱，离心机，-70℃冰箱，通风橱，60 mm 和 100 mm 培养皿，0.45 μm 滤器。

四、实验方法

1. 将反转录病毒载体导入 293 细胞

(1) 转染前 24 小时，在铺有 4 mL 的 293 生长培养基的 60 mm 培养皿中接种包装细胞，接种密度大约为 2.5×10^6 个/mL。

(2) 转染前移去培养基，并加入新鲜的培养基。

(3) 在重蒸水中加入 6~10 μg 质粒 DNA，终体积为 438 μL，再加入 62 μL 2 mol/L $CaCl_2$；加入 0.5 mL HeBs，轻振动，立即将溶液加到细胞上，并轻旋平皿使其混合均匀。然后，将细胞放回培养箱中培养。

(4) 转染 36 小时后，移去培养基，并温和地加入 3 mL 新鲜的 293 培养基。

(5) 大约在转染 48 小时后，收获反转录病毒的上清液。轻轻地移出上清液，用 45 μm 的滤膜过滤，或在 4℃以下以 1 500 r/min 离心 5 分钟以除去活细胞。

(6) 如果在 1~2 小时内使用反转录病毒的上清液，可将其放置在冰上。若时间间隔较长时，置于干冰上冰冻，而后转到 -70℃下储存。

(7) 融化冰冻的上清液，在 37℃下加温片刻，立即使用。

2. 用反转录病毒上清液感染 NIH-3T3 细胞

(1) 在感染前 12~18 小时，将 5×10^5 个/mL 的 NIH-3T3 细胞铺于 100 mm 的平皿中。

(2)准备 3 mL 的包含反转录病毒上清液、4 μg/mL 的 polybrene 和成纤维细胞培养基的感染混合剂。

(3)从铺有 NIH-3T3 细胞的平皿上移去培养基,并加上感染混合剂。

(4)将平皿放回培养箱中培养至少 3 小时。

(5)向平皿中加入 7 mL 成纤维细胞培养基。

(6)转导细胞在感染后 36~48 小时内可以进行检测。

3. 检测

根据转入的 DNA 片段,设计特异引物,对转染后的受体细胞进行 PCR 扩增。将扩增后的样品进行琼脂糖凝胶电泳,观察阳性 DNA 条带的有无。

另外,根据插入片段的不同特征和所用载体的不同类型,还可以运用 Southern 转移分析、Western blot 等其他方法进行检测。

注意事项:

(1)转染时细胞应处于最佳密度且细胞团块最小。为了生产高滴度的反转录病毒上清液,转染后细胞需继续生长至少 24 小时。

(2)除了另有注明,所有组织细胞培养均在一定湿度的 5% CO_2 的培养箱中进行。

(3)反转录病毒的半衰期 37℃ 下为 3~6 小时,为保持高滴度,病毒上清液在收获后应放置于冰上或冷冻。

(4)无论用什么方法将 DNA 导入细胞,暂时或稳定的转染率很大程度取决于细胞的类型。不同的细胞系对获取外源性 DNA 以及表达的能力相差几个数量级。此外,一种方法对一种培养细胞有效,但对另一种培养细胞可能无效。

五、实验结果

对转染后的受体细胞进行 PCR 扩增后,在琼脂糖凝胶电泳中若出现阳性 DNA 条带,说明转基因成功;否则,表明转基因失败。

六、作业

(1)根据你的检测结果,判断细胞转基因是否成功,并分析原因。

(2)请你写出反转录病毒载体介导的基因转导实验操作中应该注意的有关事项。

七、思考题

(1)转基因技术主要有哪几类?各有何优缺点?

(2)如何提高反转录病毒的滴度?

(3)细胞转基因技术都有哪些实践应用?其前景又如何?

参考文献

[1] 王金发,何炎明.细胞生物学实验教程[M].北京:科学出版社,2004
[2] 杨汉民.细胞生物学实验[M].第二版.北京:高等教育出版社,1997
[3] D. L. 斯佩克特,R. D. 戈德曼,L. A. 莱因万德.细胞实验指南[M].黄培堂,等译.北京:科学出版社,2001
[4] 王国云,孔北华,李栋,等.昆明鼠胚胎干细胞的分离培养与鉴定[J].山东大学学报(理学版)2004,39(3)
[5] 谢安,汪涣,郭菲,等.BALB/C 小鼠胚胎干细胞的分离培养及初步鉴定[J].江西医学检验,2006,24(1)